Z星探险团

（中）

刘畅 魏红祥 主编

科学普及出版社

·北 京·

图书在版编目（CIP）数据

Z星探险团. 中 / 刘畅, 魏红祥
主编. -- 北京 : 科学普及出版社, 2020.10
ISBN 978-7-110-10058-5

Ⅰ. ①— Ⅱ. ①刘… ②魏… Ⅲ. ①天文学 – 少儿
读物②物理学 – 少儿读物 Ⅳ. ①P1-49②O4-49

中国版本图书馆CIP数据核字(2019)第238040号

序言

《国家中长期教育改革和发展规划纲要（2010-2020)》指出，按照教育面向现代化、面向世界、面向未来的要求，教育改革的主旨是以人为本、全面实施素质教育，其核心是解决好培养什么人、怎样培养人的重大问题。

教育要服务于社会。中国在走向科技强国的征程中，需要更多具有创新发展能力、批判思辨能力、沟通合作能力的公民。教育要着力提高学生处于复杂环境下的问题解决能力和实践能力，从而使他们能够适应飞速发展的信息时代和充满挑战的未来社会。如何从小学阶段就开始更加有效地培养学生的科学素养？这是摆在教育工作者、科研工作者乃至全社会面前的一项重要课题。

在小学科学教育的尝试中，我们经常发现，单纯科学概念的传授并不能自动地校正学生原有的错误观念和认识。有些学生在实验结果面前仍然会坚持已见，这一矛盾的现象促使我们在改进教学方法的同时，更加深入地思考如何让学生能够更加自觉地形成正确的前驱概念，更加主动地校正错误经验，形成正确认识。

任何学习都要以兴趣为先导，死记硬背、硬性灌输不但无法培养学生的科学素养，反而会破坏他们的创造力。本书无论是在形式上还是在结构上，都区别于强化知识灌输的传统教材，内容既涉及小学科学教育新课标，又把知识点巧妙地融入到有趣的故事中，让学生在读故事的同时，不知不觉地形成科学概念，领会科学内涵，为其进一步学习和运用知识起到很好的引导和启发作用。作为科学课辅助读本，我们鼓励学生在读完本书后，为思想插上翅膀。大胆想象，续写故事，利用自己掌握的知识帮助书中的主人公渡过难关，完成难以完成的任务，也让自己在探索科学的道路上有所突破，更进一步！

中国科学院院士
中国科学院物理研究所研究员

编委会

目录 | CONTENTS

楔 子 001

第一章
不爱睡觉的睡觉大王 003

第二章
天空开了一个大洞 023

第三章
爆炸性的新闻 051

第四章
外星人有话要说 066

第五章
起飞，向那遥远的外星 085

第六章
啊，飞船停电了 103

第七章
Q弹软糯星球 122

第八章
太空之战 142

王思宇

男孩，9岁，行动力超强，似乎总有着用不完的精力。他的脑子时刻不停，充满了天马行空的想象。他喜欢做领袖、发号施令。他马虎粗心，却勇于承认错误。他求知欲超强，成绩却也像他的行动力一样，忽上忽下。他就像战士，永远不怕苦不怕累；他就像太阳，永远用积极的心态面对一切困境。好动的思宇像一支画笔，为这趟Z星之旅涂抹上特别的色彩。

刘小希

女孩，9岁，性格文静，成绩优秀，是一个寄居在公主外壳里的小学霸！她是家人眼中的小公主、老师眼中的好学生，她是家长们喜欢的"别人家的孩子"。她好奇却又胆小，善良而又温柔。她对动物、植物都充满了感情。细心又敏感的性格，使她总能发现一些被他人忽略的线索，让事情峰回路转。

外星人语言研究者。因研究方向过于超前而不被认可。他坚持自己的理念,并为此付出了很多。他独自度过了大半生,只与自己创造出来的M机器人为伴,多年的孤独生活使他成了一个名副其实的怪老头。随着时代的发展,开始有更多的人寻找、研究这个曾经被排斥的怪博士,可九维博士早就躲起来做自己的研究去了。这使他的存在成了一个传奇。

以企鹅的形象出现,是王思宇和刘小希的班主任,九维博士的学生。他时常变魔术般地为孩子们解释物理现象,让大家在不知不觉中对学习产生兴趣。他关心每位学生,对周围的人和事观察入微。他认为,对于每一个人来说,理解和信任都是十分宝贵的。

M 机器人

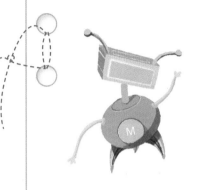

九维博士潜心多年研究出来的会学习的机器人，在与九维博士的相处中它自我改良，逐渐进化出了一些人类的个性。如果说博学多才是它最基本的功能体现，那么话痨、好表演就是它最无法被忽视的性格特征了，M 机器人每次见到其他人都无法控制地要展示它"人来疯"的本来面貌。

艾 米

Q 弹软糯星的一颗小团子，外表看上去可谓软软萌萌。如果受到惊吓，它那恐慌的样子真让人忍俊不禁。但当你因它恐慌的模样开心不已时，你就会发现，倒霉事一件连着一件在你身上发生。没错，艾米就是这样一只看起来人畜无害，但却极其腹黑的黑心小团子。但也正因为它极其善于发现他人情绪，它会十分珍惜善良的小希和思宇，当他们遭遇危险之时，尽全力相助。

楔 子

昏暗的房间内几个看不清轮廓的身影聚在一起，每一个身影的头顶上还有微微的光亮，仿佛一盏小灯。他们正在议论着什么，头上的"小灯"还因他们的话题变化着颜色。他们说着地球人难以听懂的外星语言。

"两个信号是否一致？"

"完全一致。"

"时隔这么久又再度发信号，难道是求援？"

"……"几个身影头上的小灯时亮时灭。

"上一次我们做出了回应，可是我们的信号无法发出。"

"为什么？"

"因为没有接收地。"

"而这一次又是同样的发射地点。"

"我们已经做出了回应，但还是没有反馈信息。"

"是否检验到发射地点是哪里？"

"正在检测。"

"viu——，viu——"仿佛是设备检验的声音响起。

"检验结果出来了！"

大家聚拢上去，一起观察着：

"是哪？是哪？"

"信号来自太阳系，来自一个叫作地球的行星。"

第一章
不爱睡觉的睡觉大王

最近几天王思宇一直很郁闷，因为他被所有人叫作"睡觉大王"。虽然王思宇最喜欢被别人称作"大王"，什么奔跑大王、速度大王、记忆大王、答题大王、超能吃大王、大嗓门大王，可是这个"睡觉大王"对王思宇来说真是承受不起。

"睡觉大王……"王思宇觉得冤枉极了。拥有这个绰号并不是因为上课睡觉被抓，更不是因为他喜欢睡觉。相反，他总觉得浑身都有用不完的精力，特别不喜欢睡觉，每当玩得正起兴的时候被妈妈喊去睡觉都是他最想发脾气的时刻。王思宇拥有"睡觉大王"绰号的原因是他造出了一个只会睡觉的机器人……

与其说是个机器人，不如说是一个信号塔。这个信号塔是他与同桌刘小希依照他们在图书馆找到的一部手写笔记一步步制作出来的。可没想到制作出来以后，信号塔的屏幕上就一直显示"zzz"，好像睡着了一样。屏幕是由思宇安装的，所以他就被称为"睡觉大王"。

它才应该叫"睡觉大王"！他指的是那个信号塔。

"睡觉大王"这个绰号就这样传遍了学校。甚至有一天企鹅老师也说漏嘴，叫他"睡觉大王"。平时老实巴交的小希竟然也开始这样叫他！思宇甚至觉得是不是整个 C 国的人都知道了，或者说整个地球上的人都知道了。

"不能再继续这样忍受下去了！"思宇想着，"下课后，我要跟刘小希谈一谈！"思宇作出了决定，甚至忽略了课桌上一闪一闪的红灯。这表明让他回答问题。

"滴————"冗长的低频滴鸣声在思宇耳边响起，思宇下意识地看向自己手腕上的显示屏，是小希发来的强力提醒。

"干什么！？"思宇从自己的世界跳了出来，揉着还略有些耳鸣的耳朵，对小希怒目而视。

"……王思宇……睡觉大王！睡觉大王！"老师在前面叫着王思宇的名字。

"到！"不知道为什么，听到"睡觉大王"几个字的王思宇急忙站起来。

全班同学一阵哄笑，纷纷扭头看着思宇。

"我让你回答问题，提示灯亮了好半天你也不回答，是怎么回事？"老师生气地问道。

这时，王思宇才发现桌上一闪一闪的提示灯，急忙伸手按住将提示灯关掉。

"睡觉大王开始做白日梦了？"老师再次质疑。

同学们再次哄笑起来。

思宇恨不得设置一个隐性屏障将自己藏起来。

2

思宇站在了漂浮台上……

漂浮台是为了惩罚上课走神、不听讲的孩子而设立的，它的位置高于教室的高度，所以站在漂浮台上的学生就高高地飘在学校上空，整个学校的学生都能看得到，这简直是最丢脸的事情啦！

此时此刻，王思宇就站在漂浮台上，谁让他溜号那么严重？用老师

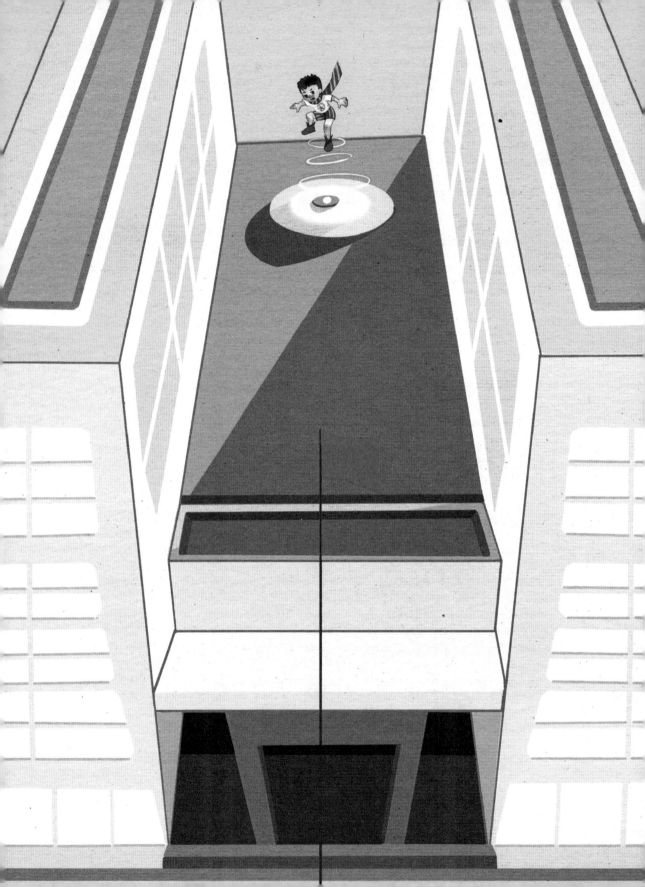

的话说，"简直是溜号溜到了外太空"。现在想起来思宇还觉得不好意思呢，他不自然地伸手挠挠头又抓了抓脖子。

哎呀，糟了！他忽然想起什么来。"睡觉大王"的称号再加上漂浮台罚站，多么神奇的组合，天哪！思宇揉揉鼻头，想起了妈妈经常说的"祸不单行"这个词。今天这个词终于被我用上了，想想在漂浮台上还能够用上成语，思宇竟有些佩服自己。

"不知道今天老师教的是什么，也不知道我都错过了什么精彩的实验。"思宇想。

思宇低头看着各个班级里的学生都认真地听讲，积极地在眼前的全息投影屏幕上解答着。瞬间，思宇知道了为什么要让犯错误的同学站漂浮台了，这是因为站得高，看得广，看到大家认真学习的样子，站在漂浮台上的同学应该觉得很内疚吧。想罢，确实有一股内疚感酸酸地挤进了思宇的心里。

他也看到了刘小希：她正在认真地做着记录，面前的全息屏上被她做了各种颜色的标注，红红绿绿的，好像一幅画一样。

不愧是我的军师！思宇想着，学习这么认真，难怪遇到什么事情都难不倒她。

思宇叹了口气，老师的惩罚没错，他刚刚确实走神太严重。现在想想回家怎么跟爸爸妈妈解释吧……

王思宇开始认真地想该怎么解释。首先一定要认真承认自己犯了错误，如果在最开始就承认错误，爸爸妈妈、包括老师都会原谅自己。然后怎么说呢，说是因为"睡觉大王"的绰号让自己烦恼吗？爸爸会说什么呢，他会说我确实做出了一个睡觉机器人啊，哎……

思宇无奈地摇头："为什么这个家伙就只会睡觉呢！"他急得直跺脚，差点失去平衡从漂浮台上掉下来，吓得一身冷汗！赶紧集中注意力。

可是，不知不觉，思宇的思绪又回到了十几天前：

那天……

思宇一边看着在图书馆找到的手绘笔记本，一边想着可以用电子手设备组装零件的手工课。

使用电子手操作是手工课上思宇最喜欢的事情了，电子手看起来像是一副手套，但它是机械的，由于是金属质地，所以看起来酷酷的，将手伸到一个方盒子中，方盒子就会按照伸进去的手的大小将机械电子手安装到手上。

思宇喜欢戴上电子手假装自己是一名机甲战士。带上微型显示镜，握住电子手，再小的设备零件都可以轻而易举地组装到一起。

因为那一天跟小希本想做一个植物监测器去替换坏掉的那一个，可是却做出了这样一件东西，思宇与小希以为是哪一个步骤操作错误，所以跑去找企鹅老师寻求帮助。

在办公室，企鹅老师惊讶地发现，笔记的作者竟然就是传说中的九维博士！往事历历在目，企鹅老师感慨万分，与思宇和小希讲起九维博士的点点滴滴。不知过了多久，企鹅老师才从回忆中醒来，他立刻与思宇和小希赶回操作间，却见到显示屏上出现了"zzz"的文字。

以上这些思宇已经反反复复想了无数次，可是还是没有想明白。难道是因为我们在企鹅老师的办公室待久了，所以它等不及睡着了？

起初，思宇以为是因为他把屏幕安装反了，于是他断掉电源，重新操作，将屏幕重新组装上，刚刚重组装上的屏幕在连接上电源后出现了重启的字样，可是没过多久"zzz"又再次出现了，是呀，这个字母"z"，反着、正着还不是一样嘛。

3

手工课是思宇最喜欢的课之一！

从漂浮台上下来，思宇直奔手工操作教室！

手工课可是万万不能错过的课程！

每次思宇都是早早到达教室，将手伸到电子手盒子里，此时的他还会为这一瞬间用嘴巴配上音乐，脑中想的都是机甲战士的样子。

早早地来到教室带上电子手的同学们还会假装机甲战士吆喝着向对方宣战：

"你不要猖狂，否则我就要启动引擎，发射出全世界最厉害的导弹将你炸得片甲不留！"

"我才不怕！我拥有全宇宙最先进的防御技术，你的导弹根本不可能通过我的防御区间！"

"不对，你说得不对。"小海停下扮演，跟思宇说道。

"怎么不对了？"思宇也停下来质疑道。

"你错了。"

"我没错！"

"你错了！"

"我没错！你凭什么说我错了？"思宇急了。

"我都说我的是全世界最厉害的了，已经是世界之最了！你就不可能比我的还要厉害！"

"所以我才说我的是全宇宙最先进的。宇宙比世界大！"

"不对！"

"对！"

"不对！世界就是宇宙！"

"不对！宇宙包含世界！"

两人越吵越激烈，引来了身旁同学的围观，究竟谁是对的呢？宇宙大还是世界大？大家三言两语地讨论起来：

"小海说得没错，全世界就包含所有的东西了。"

"那也不能包含宇宙啊！"

"为什么不能包含宇宙？"

"因为……"

"因为宇宙不属于世界。"

"那宇宙属于什么？"

"……"

大家争论不清楚，干脆就直接站在自己支持的一方，指着对方大喊："是你们错了！"

"你们不对！"

"你们才不对！"

……

刘小希走进教室。

王思宇见到小希急忙喊道："军师！我的军师来了！"

"怎么了？"见到眼前这样的情况，小希好奇地走了过来，站到了两个队伍的中间。

"你说说是世界大还是宇宙大？"思宇问道。

"嗯，我觉得这个问题是有相对性的。这要看你站在什么样的角度来看待这样的问题。就像参照物的选取一样。"小希认真地回答道。

众人认真地听着，谁都没有插嘴，不知道是听得很认真，渴望小希继续说下去，还是完全没有听懂她在说什么。

"你们这样的论调需要有一个前提，就是你们是否承认除了地球人之外还有外星生命体，只有在这一点上取得一致了之后才可能一同而论，否则你们就是各说各有理。"

"外星生命体，你是说外星人吗？"

"对呀！外星人。"

"你相信有外星人吗？"霎时间，同学们似乎忘记了刚刚为什么事而争论，都纷纷问向自己身边的人。

"我也不知道，我从来没有见过。"

"我见过！"

"你什么时候见过？"

"我在电视上看见过！"

"那些都是假的！是人扮演的！"几个学生一起起哄。

见整体风向已经不再关注自己和小海之间的论调，思宇无聊地玩弄着手上的电子手。小希回到自己的座位上，开启全息投影屏幕，认真地准备着什么。

"你觉得有外星人吗？"思宇凑到小希身边问道。

"说实话，听了九维博士的故事，我也很渴望能够参与到发现外星生命体的事情当中。"

"就是说你相信喽。"

"我没有说我相信，我只是说，我愿意去尝试发现它们。"小希纠正道。

"我不知道。"思宇喃喃道。

"什么不知道？"

"我不知道有没有外星人。"

"为什么？"

"因为我从来没有看见过啊！"

"你怎么能只局限在你看到的东西呢！这样太愚昧了！"

"看不到的东西你怎么能相信呢！"

"有很多东西看不到但是它都是存在的呀！"

"胡说！"

"我没有！"

"那你能举出例子吗？"

"可以！"

"你说呀！"

"无线电波！"

"……"思宇一时哑言。

小希说得没错，无线电波是我们看不到的东西，但是它确实存在，正是它的存在使在学校的他们可以随时跟正在上班的父母沟通。

"这么说确实有眼睛看不见又存在的东西。"思宇自言自语。

"当然，很多东西还有待我们去发现，所以你不应该只局限在眼前能够看得到的东西上。"小希说道。

"地震仪？"思宇见小希的全息屏幕上显示着这一次课程的课件。

"就是在地震来临之前，可以发出预报的仪器。"小希解释道。

"我知道地震仪是什么。"思宇急忙说道。

"好兴奋！"小希摩拳擦掌。

"有什么值得兴奋的？现在已经有最新的设备了，还做地震仪做什么！"思宇悻悻地说道。

"科技的发展基于前人的发现！几百年前，有一位叫牛顿的科学家说'如果说我看得比别人更远些，那是因为我站在巨人的肩膀上'。"

"我知道牛顿，他被掉下来的苹果砸了头，然后发现了地心引力！但是巨人是谁？"

"他说的巨人就是前人的发现，我们需要学习之前科学家的发现并理解，是因为我们只有懂得了这些已经被发现的科学原理，才能在这个基础上发现更多的东西……"

虽说思宇最讨厌他人的说教，但是当小希这样头头是道地说起来的时候，思宇总是觉得很有道理。

"……地震仪是中国古代东汉时期被科学家张衡制作出来的。我倒是想操作一下试试。"

4

放学时间，孩子们纷纷用电子笔在全息屏幕上标注了作业并保存，踏上各自的步行仪，走上回家的路。

步行仪的好处就是它能够设置并保存终点位置，可以自动感应红绿灯。它能够安全地保持一个稳定的速度前进，这种小学生们的代步工具早在 20 年前就被普遍应用起来了。最主要的是在这个过程中步行仪完全是自动行驶的，孩子们可以随心所欲地做自己喜欢的事情，比如看书、玩游戏或者通过全息屏写作业、与好朋友视频聊天等，还可以订购自己最喜欢的零食，售货机器人会根据步行仪的具体位置把最可口的零食送到孩子的手上。

然而，思宇与小希却没有使用步行仪回家，他们如期聚在了操作间，围在信号塔旁。自从信号塔开始"zzz"地睡觉以来，他们就每天放学围在它旁边，仿佛是要等待它醒过来一样。

起初，他们还依照找到的笔记本尝试维修信号塔，可是找来找去也没有发现任何问题。即便重新组装，重启之后过不了多久，它就会再度"睡去"。

现在，思宇与小希已经放弃维修了，每天放学只是围在它的周围，看着它，仿佛是盯着自己生病了的小宝宝。确实呀，这个信号塔，是他们一个零件一个零件拼接起来的，怎能没有感情呢？

"你觉得它会醒过来吗？"趴在桌子上呆呆看着信号塔的思宇问道。

"应该会吧。"同样趴在桌子上呆呆看着信号塔的小希回答。

"什么时候呢？"思宇没有挪窝，也没有看小希，就直直地盯着信号塔。

"我也不知道。"小希懒洋洋地回答。

"它要是能服用药物就好了。"思宇异想天开起来。

"你要给它吃什么药啊？"

"让它再也不会睡觉的药。"

"你有没有想过，它醒来会做什么呢？"小希突然冒出这样一个想法。

"不知道，但是就再也不会有人叫我睡觉大王了。"思宇说出自己的心里话。

小希漫无目的地翻开九维博士的笔记本，自言自语地说："它究竟是做什么的呢？真想知道它醒来之后会干什么……"

突然，小希好像发现了什么！她放下笔记本，拿起信号塔，指着信号塔上的一个红色的灯泡似的红点问道："思宇，这个是你安装的？"

"是啊。"思宇凑过来，看罢后回答。

"这个是一颗检测指示灯？"

"是的。"思宇再次回答。

"你有没有想过这个是检测什么的指示灯？"小希想要进一步确认。

"没有。"思宇挠挠头，"见说明书上有就装上喽。"

"你……"小希无奈地摇了摇头，"真是要被你的盲从制服了！"

"那你认为这是什么？"思宇问道。

"我觉得它不是检测指示灯，而是一个发送信号的元件。"小希边认真观察着，边说道。

"哦，企鹅老师说过，在九维博士与革兴博士展示成果的时候，革兴博士因为九维博士展示的作品而生气，两人才分道扬镳的。"思宇回忆起来。

"你觉得展示的就是这样一个作品？"小希指着信号塔说。

"我认为很有可能！"思宇肯定地回答。

"那么你说有没有可能它曾经发送过信号呢？"小希尝试着问道。

"如果可能，那信号发送到哪里去了呢？"思宇问道。

"……"小希语塞。

"也许它是发送出了信号，然后被收到信号的那一方催眠了。"思宇说罢，笑了起来。

"根据九维博士的研究，也许它是把信号发送到了其他的行星上，去探测那里是否有生命体存在。"小希边想边说着。

"然后被催眠了。"思宇接着说道。

"你为什么总记得被催眠的事情啊？"小希责怪思宇。

"那你说这是什么？"思宇指了指屏幕上的"z"字。

"我也不知道。"最终小希气馁地再次将信号塔放在桌子上，坐了下来，恢复到了原来的那个姿势。

他们就这样，时而兴奋地猜测着，时而失望地等待着，却不知道究竟在等着什么。每天他们都绞尽脑汁地想，可是一无所获。

夜幕降临，他们才踏上自己的步行仪回家。当然，思宇会非常绅士地保护小希回家后，再在步行仪上设定自己的回家路线。

彩蛋多多

1. 信号

如果我们想让别人知道我们在想什么，就需要说出来告诉他。但有时候他离我们很远，这时我们就需要把我们的想法，也就是信息，用特殊的机器转换。这样信息将保存成一种物理量，如电流或磁场等。将这个物理量传递出去后，别人通过解开这个物理量所包含的内容而了解物理量里的信息，就相当于我们把自己的想法告诉了别人。这个承载信息的物理量就叫信号。比如，打电话时电话里传来的声音就是一种声信号。

2. 全息屏

从外观上看，全息屏和普通的玻璃没什么两样。如果不说这是一块全息屏，那么大家都会认为它只是一块玻璃。如果我们打开全息投影，这块玻璃就会瞬间亮起来，显示出信息、图像。全息屏的原理并不复杂，制作时，在透明的玻璃中集成了电路和传感器。这样，它不但可以成为一块显示屏，我们还可以用手指控制它，来播放不同的内容，就像平板电脑一样。

3. 全息投影

全息投影是一种展示物体立体效果的技术。全息的含义是"完全的信息"，全息投影时，我们先利用光学原理记录物体所有的信息，之后就可以再现物体的三维图像。普通的摄影技术只能记录物体光波的强度信息（物体的明暗分布），而全息投影的记录方式不仅可以记录物体光波的强度信息，还可以记录物体光波的相位信息（物体的高低分布）。目前真正的全息投影还未得到广泛应用。真正的全息投影不需要借助其他介质，只需空气和全息图就能实现 3D 效果。

4. 参照物

当我们坐在火车里向前行进时，从窗外看到两旁的树在飞速运动，但看车内的桌椅却是静止在原地，这是怎么回事呢？这是因为我们选取了不同的参照物。静止是相对的，如果我们以火车为参照物，我们和桌椅相对火车都是静止的，而如果我们以静止的地面为参照物，火车载着我们飞速前进，我们就是运动的。我们的运动需要参照物来确定，但选取不同的物体来参照，可以看到我们有不同的运动状态。在物理上，参照物又称"参考系"。参照物的选取是任意的。

5. 无线电波

打开开关，可以将电灯点亮。仔细分析开灯这件小事，你会发现其实是电信号通过导线传递给了灯，告诉它：你应该亮了。如果我们不想按下开关来点亮电灯，那我们就需要不借助导线而传递的电信号，即无线电波。这时，电信号将以电磁波的形式发射到空中，并被电灯接受、识别从而发光。无线电波通信最早意大利人由马可尼发明，至今已应用于生活的方方面面。无论是手机、对讲机、电视遥控器，还是侦测飞机导弹的雷达，都是无线电波的重要应用。

第二章
天空开了一个大洞

太阳缓缓升起，温暖的阳光无私地向下射去，却穿不透这片浑浊的水域。

一座巨大的空间舱体坐落在水陆衔接之处，陆地上一片狼藉。人类几个世纪以来对土地造成的不可逆转的破坏最终使得植物无法在陆地生长。没有了植物，动物也濒临灭绝，种类逐渐减少。由于人类无法继续在毫无生命体的陆地上生存，于是逐渐搬移至空间舱内生活。

空间舱的开发以及使用使得人类文明得以延续。人类意识到了对陆地的严重破坏，正在积极补救，渴望重返陆地生活。回到陆地的第一步就是让植物可以重新在陆地上生长，这一行动持续了很多年，可进展并不乐观。没有绿植的净化作用，大气污染日益严重。空间舱也由最初的半封闭状态逐渐改装成了全封闭舱体。这个过程经历了200年，对于人类来说200年是一个漫长的过程，然而对于地球来说200年却是弹指一挥间。

空间舱内有一个阳光广场，它的顶部透明，可以看向天空。经过对空间舱外空气的净化，这块区域是可以迎来阳光的照射的。阳光照到阳光广场中心的日晷上，通过对日晷的观察得知具体节气。

思宇和小希喜欢到这里来，这里是可以感受外界的唯一通道。

他们躺在阳光广场享受着阳光的温暖。

"为什么不能早点出生呢？"思宇感慨着，"据说几百年前山还是碧绿的，水还是清澈的，连天空都是蓝色的呢。生活在现在，啥风景都没了！更重要的是，虽然纸张没了，考试却还没取消！"

"考试怎么了，我觉得考试挺好啊，一个阶段性的测试，这样你才知道自己在哪个地方欠缺，哪个地方需要提高啊。"小希回答。

"我想全世界应该只有你会这么想问题吧。"思宇见怪不怪地评价小希。

小希闭上眼睛尽情享受着阳光。

哗啦——

盯着透明顶的思宇愣住了，落在顶上的是什么？

一片白白的、柔软中又带着一丝韧劲的片状物飘落在生态舱的透明顶外。

好像似曾相识！到底是什么呢，好像……

为了看得更仔细，思宇干脆站了起来，渴望能够离生态舱的透明顶更近一些，可是只有 1.5 米的身高似乎帮不上什么忙。他抬头仔细地看着："这是……不会吧……"

思宇的自言自语打断了小希的思路。

"怎么了？"小希扭头看向思宇，"你在看什么？"

"啊！我想起来了！"思宇一蹦三尺高。

"什么？"小希也激动地站了起来。

"你看！"思宇向透明顶指去。

小希抬头看着："你让我看什么？"

"那个……"思宇指向透明顶。瞬间他的兴奋劲儿消失了，因为顶上那白色的片状物已经不翼而飞。

"我什么都没看见啊！"小希还在努力寻找着。

"不见了！"

"什么不见了？"

"我觉得可能是……"思宇犹豫起来。

"是什么？"

"我觉得……"思宇不自信起来，"我觉得还是等它再出现你再看看吧。"

于是，两个人都抬头等着，一会儿——

"我还是告诉你吧。"不耐烦的思宇等不及了。

"嗯。"

"我觉得是纸！"思宇终于把这个字说出来了，自己还感觉有点兴奋。

"纸？怎么可能？当纸的原材料树木从地球上消失之后，纸就被电子屏所取代了。"小希说道。

"我知道。但是它真的很像纸。"

"只是像而已，像纸的东西很多啊。"

"是什么？"

"是你眼花！"小希打趣道，然后笑了起来。

"是真的，很可能是信纸，我昨晚在做课外阅读的时候看到了，'白色、柔软而有韧劲，一种古老的通信工具。'"

"真的？"见思宇如此认真，小希也开始相信了，她再次抬头确认是不是有什么东西在顶上。

什么都没有……

照进来的阳光逐渐强烈，日晷上的影子更加清晰。

"快看快看！"小希的注意力被日晷上的影子吸引。

"快到夏至日了！"思宇也将刚刚那一幕抛掷脑后，看日晷、猜节气才是今天来的目的啊！

2

就在思宇和小希准备离开的时候，他们忽然感到了一丝晃动！紧接着，原本明亮的透明顶忽然暗了下来。

小希抬头望去，不禁惊呆了，她屏住呼吸，目不转睛地盯着天空。

思宇也发现了，天空突然乌云密布，一个巨大无比的洞口出现在天顶的中央！

这个怪异的洞口一片漆黑，中间似乎有一个风眼，阵阵强大的气旋从风眼处席卷而来，掀起一阵飓风，云朵由内向外地旋转翻腾着。同时，强劲的风力卷起一张张白色片状物，吹向地面的各个角落。

"真的，真的是纸！"小希看着天空，不敢相信自己的眼睛。

思宇想了想，露出一丝笑意，收拾起东西准备离开。

"思宇，你要去哪呀？"小希问道。

"你对这个白纸不好奇？"

"哦……"小希沉默半晌，轻轻说道："好奇！"

"只要改变信号接收器的参数，它就能让纸张穿过生态舱膜把纸张当作信号接收进来！"思宇说。

"没错！"思宇兴奋地和小希拍了个手掌。

说干就干，二人冲进信号控制室，小心翼翼地启动信号接收器，开始调整数值。88,89,90,91……

突然，一阵脚步声从门口传来。

有人来了！

思宇与小希对视一眼，当机立断将信号接收器的开关悄悄打开，并转了一个角度。

"吃得好饱呀……你们在这干吗呀？"值班员站在了控制室的门口。

"我……"小希满脸通红，像做错事的孩子一般手足无措。

"我们来向您汇报情况。企鹅老师让我来告诉您，五二班同学在听到广播后已经集合完毕。"思宇不动声色地站在信号接收器前。

"汇报情况？企鹅老师？什么乱七八糟的！快回去休息吧。"

值班员叔叔挥了挥手。

"叔叔再见！"

"再见！"

"奇怪……信号接收器位置怎么好像变了？哦，没变，眼睛花了。"思宇拉着小希跑出播音室，听见门内隐隐传来的声音，两人相视一笑。

此时的小希和思宇并不知道，这一张张小小的白纸进入了生态舱，将会引发一场巨大的波澜。

3

教室里，大家都听说白色纸片正是纸张。几百年前，人类可用它传递信息，印刷图书。大家议论纷纷，完全没有了午休的心思。

"这一定是来自外星人的问候。"班里的同学们开始浮想联翩。

"说不定是某个星球正在举办舞会，邀请我们去参加呢！"女孩子们叽叽喳喳地讨论起来，眼神中满是期待。

"你们不要异想天开了！"酷爱军事的男生们也有自己独到的见解，"万一这是一封战书呢？那我们马上就要经历一场星球大战啦！"

说着，男孩舞动起手中根本不存在的光剑，模仿着打斗的样子。

"这样的话，我们就有机会去军事生态舱了！"

"军事生态舱！"小男孩的一句话，让班中99%的男生露出向往的眼神。

在C国的五大主生态舱中，如果说最具影响力的是位于中心的政治生态舱，那么最神秘、最有吸引力的一定是军事生态舱了。数百年前，C国曾遭受无数次外敌入侵，也曾节节败退，但最终凭借着民族的血性和不屈的精神挺过重重难关。而这部伟大的C国发展史，最终浓缩在了小小的军事生态舱中。

几乎所有的小男孩，最大的愿望就是能进入军事生态舱。但可惜，大部分人一生都在居住生态舱、学习生态舱、工业生态舱中徘徊。

"……"

听着众人的对话，小希和思宇对视了一眼，偷偷溜出了教室，他们都知道，那个纸上什么也没有。

"思宇，你认为这封空白的信到底是什么意思呢？"小希一边翻看着空白的信纸，一边暗自发呆。思宇将信纸展平，举在了空中仔细观察。

"也许，它并不是空白的！"

"咦?"小希赶紧凑过来,"可是,它上面并没有任何文字或记号呀。"

"老师说过,书读百遍,其义自见。不如让我们再仔细研究一下吧!"

两人来到图书馆,在图书馆翻遍了相关的书籍,查阅了很多的资料。阳光洒在他们稚嫩的脸庞上,小希眨了眨酸涩的眼睛,长长的睫毛随之微微颤动。思宇伸了个懒腰,用手挡在了眼前。他眯起眼睛,看着窗外明晃晃的大太阳。一旁的草地上有一台洒水机正在给草坪浇水,喷出的水在阳光的照射下显得色彩斑斓。

"已经到中午啦。"

"是啊。"小希托着下巴,有些失落。"我们都找了一个中午了,还是一无所获,你说怎么办呢?"

"不知道。"思宇也没了耐心,他鼓着腮帮子,指指桌上的信,"你看它还是空白一片,根本就没有什么意义。我看这就是个恶作剧!"

窗外吹来的暖风带走了轻薄的信纸。

纸张像一只飞舞的白蝴蝶,徐徐飘出了窗口,似乎想和彩虹来一场舞蹈。

"哎呀!"小希伸手去抓,信纸却从她的指间溜走了。

两人赶紧跑出图书馆，来到操场上去追那张飞走的信纸。

信纸轻轻地飘落在宽阔的操场上，正午太阳正从生态舱顶直直地照进来。思宇和小希赶紧跑过去，捡起地上的信纸。小希拿起信纸，忽然惊讶地张大了嘴巴，圆圆的大眼睛闪烁着激动的光芒。

"思宇，你快看！你快看呀！"

"怎么了？"

思宇不以为然地一瞧，只见空白的信纸上，一个个奇怪的符号缓缓显现了出来。他一把抓过信纸，对着阳光展开，让炙热的太阳光直射在信纸上，一串奇形怪状的符号赫然显露出来。

"天啊！这些符号好奇怪啊！"小希不禁叫出了声。

"快！快把它记下来！"思宇迅速地掏出一支电子笔，唰唰地将信纸上的符号抄写下来。

"哎呀！"小希看着思宇歪歪扭扭的字迹皱起了眉头。

"还是我来吧！"小希一抬手腕，"咔嚓"一声，这些符号便呈现在了显示屏上。

"思宇，小希，你们怎么在这里？" 一个熟悉的声音传来。

"啊，老师，我们在玩……"思宇转身回头，试图转移话题，却被企鹅老师打断："你们俩，跟我来办公室！"

"是。"

"还有，别藏了，把纸也带过来。"

小希和思宇对视一眼，都低声说道："好。"

4

"企鹅老师，您怎么知道的呀？"思宇大声问道。

如果说其他老师，思宇可能还会紧张一下，但对于最能理解自己、又是自己最喜欢的企鹅老师，思宇就按捺不住激动的心情了。

企鹅老师被思宇的大嗓门吓了一跳，险些打翻手边的茶杯。"思宇！做事情不要毛毛躁躁的。小希，你的发夹。"

小希摸了摸自己头上只剩下的一个发夹，脸微微有些红了。"谢谢老师。"

"企鹅老师，您知道吗，天上的白纸藏着一个巨大的秘密！"思宇脸上难掩得意的神色。"……总而言之，您还是快去跟我看看吧！"思宇话不多说，赶紧拽着企鹅老师跑到办公室窗前。

"企鹅老师，企鹅老师！您快看！"小希双手将信纸递给企鹅老师，看着这段突然出现的字符。企鹅老师严肃地推推眼镜，把信纸对

着太阳仔细端详了一番。

"为什么会突然浮现出字迹呢？"企鹅老师自言自语道。"你们是怎么发现的？"

"我们两个本来在图书馆，结果信纸不小心从窗口飞出来了。"小希解释着。

"对，结果我们跑出来一看，这张纸上忽然就冒出了这些奇奇怪怪的文字。"思宇连忙补充道。

"什么时候的事情？"

"就在刚才，差不多是正午吧。"

"正午，嗯，难道是因为今天……"企鹅老师好似忽然想到了什么，他连忙从口袋里掏出手机。

"果不其然！"企鹅老师拍拍两个孩子的肩膀，"这真是一个奇妙的意外！"

"您是不是知道是怎么回事呢，快告诉我们，这信上的字到底是哪儿来的？"

"字？哪里有字啊？"企鹅老师像魔术师一样抖了抖那张纸。

"咦？"小希不敢相信自己的眼睛，"怎么变成一张空白的纸了？"

"没错，它的确是空白的。"企鹅老师晃了晃手里的信纸。

"不可能！"思宇蹦起来，想要一看究竟。小希也踮起了脚尖，探着脑袋看。

"咦？"两人不约而同地发出疑惑的声音，"可是刚才，那上面明明有字的呀！企鹅老师，您一定也看到了！"

企鹅老师故作神秘地点点头："信纸上刚才确实有字，只不过现在又消失了。"

这是为什么呢？思宇和小希一头雾水。

企鹅老师并没有直接回答两人的问题，而是反问道："你们知道今天是什么日子吗？"

"今天？今天是 2117 年 6 月 21 日，可怜的我要参加期末考试。"思宇不假思索地答道。

"啊！我知道了！"小希忽然高喊道，"今天是 6 月 21 日，是夏至日！"

"没错。"企鹅老师满意地点点头，"日北至，日长之至，日影短至，故曰夏至。至者，极也。"

"这是什么意思？"思宇好奇地问道，小希也似懂非懂地摇摇头。

"夏至这天，太阳直射地面的位置到达一年的最北端，几乎直射北回归线，也就是北纬 23°26′，北半球的白昼达到最长，且越往北白昼越长。比如，北京约 15 小时，而黑龙江的漠河则可达 17 小时以上。同时，对于北回归线及其以北的地区来说，夏至日也是一年中正午太阳高度最高的一天。我们所在的地方，夏至日正午太阳高度高达 73°32′。夏至过后，太阳直射地面的位置逐渐向南移动，北半球白昼开始逐日减短，对于北回归线及其以北的地区，正午太阳高度也会逐日降低。"

"所以太阳所照射的角度在改变，我们的影子也会跟着改变喽？"思宇歪着小脑瓜，认真地分析着。

"当然啦！"没等企鹅老师为思宇解答问题，小希反倒抢先发言了。"你忘了我们在课堂上学习的晷针了吗？那不就是利用太阳直射点位置变化所制造出的仪器吗？"

"哦！"思宇恍然大悟，"我当然记得！古人太聪明啦！"

"所以这封信也是利用了夏至日正午时分太阳直射点的特殊位置给我们设置出的谜题喽？"

"没错！"企鹅老师点点头，将空白信件的神秘面纱慢慢掀开。"我们之所以会突然看到信件上的字迹，是因为夏至日正午时的太阳直射光线，使原本隐藏在空白信纸上的字迹呈现出来。现在，已经过了五分钟，直射点的位置随着地球的自转和围绕太阳的公转发生了改变，所以字迹又神奇地消失了。"

"原来是这样。"思宇点点头，"不过没关系，我们已经将信纸上的内容记录了下来。"

"没错，在这儿呢！"小希赶紧把电子笔记本上的记录展现给企鹅老师看。

屏幕上是小希照下来的奇怪字符，这一串不知道来自哪个星球的语言，密密麻麻地排列着，好像一个个跳舞的小人儿。

思宇看了一会儿，便觉得头昏眼花，"这都是些什么奇怪的字啊？恐怕外星人自己都不认识。"

"说不定是他们特有的文字呢，毕竟在浩瀚的宇宙中，有那么多的星球，有我们已知的星系，还有未知的星系。无数颗星球都在宇宙中共生，他们当然也会有自己的文字，会有自己的文化。"小希分析得头头是道。

"话虽如此，不过这也太令人费解了。"思宇烦躁地抓抓头。

小希看着企鹅老师专注的神情，试探性地问道："企鹅老师，您知道这些字符是什么意思吗？"

企鹅老师点点头，又很快地摇摇头。思宇和小希两人互相看了一眼，摸不清企鹅老师到底是什么意思。

"企鹅老师，您就别卖关子了。您是认识还是不认识啊？"思宇着急地摇晃着企鹅老师的胳膊。

"唉唉唉，你都要把我晃晕了。"企鹅老师无奈地笑了笑，"这种外星文字我似曾相识，有点像古代的楔形文字！"

两个孩子一听，眼睛里顿时闪现出兴奋的光芒。"真的吗？真的吗？"两人高兴地跳起来，"您快给我们翻译翻译。"

"翻译啊，这我可就是外行了。"企鹅老师耸耸肩。

思宇和小希有些失望地垂下了头："那该怎么办呢？"虽然知道了信中所用的文字，但是却无法理解它要表达的含义。两人的心情仿佛坐过山车一样，一下子升到了高空，又一下子跌到了最低谷。

"孩子们，别灰心！"企鹅老师和蔼地抚摸着两人的头，"虽然我们自己无法破解，但是我们可以去征集答案呀！"

"这倒是个好主意！人多力量大嘛！"

"对呀！对呀！快把它交给世界上最聪明的人，让他来帮助我们破解这封来自外星的信件。"

"现在我们不妨把这个消息传播出去，让更多人看到这串神秘字符，让大家一起来解开这外星来信的谜团吧！"

5

此时，世界各地的全息投影屏幕上，都在循环播放有关神秘信件的报道。屏幕里再现了当天的怪异景象，原来不止这一个地区，随着地球的转动，全球自东向西都先后出现了这个洞口，白色的信纸随之遍布地球的各个角落。

关于这次诡异的现象，世界各地的人们都在议论纷纷。有些人并未过多在意，而是把它看作是一场恶作剧。然而，也有不少人开始怀疑、猜测，这背后是否隐藏着巨大的阴谋。更有一些国家开始组织专项研究小组，展开了深入调查，以防止恐怖主义或极端行为的发生。

在地球的另一端，一群来自不同国家的领导人们正聚集在一起，紧锣密鼓地召开着秘密会议。会议的主题正是近来备受全球关注的热点话题：神秘白纸。

在这间全是玻璃屏幕的大会议室里，四周都是黑漆漆的一片。只有投影散发着幽幽的荧光。这里的每一面墙壁都是一面飞速旋转的镜子，影像通过 360 度的全息投影，打在旋转的镜面上，呈现出一个个逼真、立体的身影。原本空荡荡的会议室，此刻却显得有些拥挤。各国的首脑不论身处世界的哪个角落，此刻都通过这种实时全息影像

"聚"在这间会议室。有的人坐在清晨的办公室里，有的人此刻的背景却已是华灯初上的夜晚。各国对这次事件的重视程度使气氛有些紧张。

"我们刚刚从监控扫描中得到了可靠数据，W国生态舱外有大量白纸在飞舞，这一情景引发民众巨大讨论，想必各位也都听说了。"W国首脑坐在办公椅上，双手交叠在胸前，通过全息投影屏幕向周围的各国领导人介绍着情况。

"是的！我国生态舱上面也出现了。并且，由于我国生态舱保护膜上安装着照明系统，纸张掉落直接影响照明系统，我国的照明系统需要立刻升级。"Q国首领皱眉说道。

"生态舱保护膜上装照明系统？你们是连能自由转换透明度的墙壁都没有吗？"隔壁国家首领嘲讽地说道。

"你！"Q国首领涨红了脸。Q国发展的确落后。大部分国家已经为本国的生态舱全安装上了可以自由转换透明度、调整光线的新型墙壁，但Q国的安装率不足30%，还需要传统照明。

但即便如此，他还是愤愤不平，别以为他不知道，邻国以前比Q国还穷，现在能发展不过是依靠着W国的发展罢了，看着吧，不在乎环境污染，看还能发展多久。Q国首领心里冷笑。

　　"这还不是最严重的，谁都不知道纸片是不是一个巨大的阴谋，是否会对生态舱保护膜造成损伤。一旦生态舱保护膜被破坏……"一个瘦瘦高高的男子冷静地说道。

　　男子的话没有说完，但所有领导人都听出了弦外之音，会议的气氛更加凝重。

　　时至今日，各国都还能在生态舱内生存、发展，其关键技术就在于生态舱保护膜的发明。哪怕是实力最弱小的国家，也会装有基础生态舱保护膜，因为对于今天的地球人来说，生存是离不开生态舱保护膜所具备的隔绝强辐射、空气净化和过滤等功能的。而有的国家实力较强，如 C 国、W 国等，他们的生态舱保护膜可以保证人们生存所需，还可以检测周围数百千米的环境，有自动防御机制和自动攻击模式，甚至 C 国的最新研究中，生态舱保护膜还会兼具资源回收再利用功能。

　　"对……"

　　"众位！"W 国首脑抬了抬手，说道，"所以我们的当务之急，是应该讨论怎么处理这些纸张。"

　　"这是一定要处理的！并且要尽快！"E 国首领站起身来大声说道，在他身后，隐隐约约可以看到，不断有民众举旗抗议着什么。

　　"如果说，最快速的办法，当然是启动生态舱保护膜的清洁机器，将这些纸张都清理到大海里。"

"但……"

众人的目光转向 W 国，生态舱保护膜的清洁机器是一项新兴技术，目前只有少数几个国家掌握，W 国就是其中之一。

"诸位，遇到困难我们自然应该互相帮助。" W 国首领看众人带着恳求的眼神望着自己，满意地一笑，他摸了摸胡须说道，"但正如 C 国的一句古话，'帮助就得有来有往'，各国来搬运生态舱保护膜清洁机器时，我们国家的这些信纸就麻烦各位了，毕竟，我们国家的海洋处理不了这么多废纸。"

"这……"

各国首脑面面相觑，一时不知该如何作答。时至今日，环境保护已成为各国每年投入经费最多，但见效最低的项目，可以说，每一项能改善地球环境的技术都被各国视为无价之宝。而帮 W 国处理信纸，那不就等于在破坏自己国家的环境吗？

"C 国可从未有过'帮助就得有来有往'的古话，但另一句话倒是每位 C 国国民众都耳熟能详——'己所不欲，勿施于人'，W 国首领可曾听说过？"全息投影中，一位风度翩翩的男子站起来说道。他就是 C 国首领。

"哦？"W国首领不屑地看着C国首领。没错，C国就是那少数几个掌握生态舱保护膜的清洁机器技术的国家之一，甚至，根据情报部门传来的消息,C国技术目前已超过W国不少,但W国并不服气。

"C国是要无偿为各国好友提供服务吗？"W国首领眼珠一转，心生一计。

面对各国首领期待的目光，C国首领平静地说道："并不。"

"这可就是C国首领您的不对了，光顾着自己国家，其他……"W国首领松了一口气，朗声说道。

"我的意思是，不仅我们不会为各国提供这项服务，C国同样也不会使用。"

"什么？"各国首领对望一眼，都看到自己眼中的震惊。

C国首领站起来，高声说道："各位，乍一看，将这些垃圾丢入海中是最方便的事情。可众位别忘了，如果想恢复生态，水资源和原始土壤缺一不可，将垃圾排入海中，肯定会对海洋资源造成二次污染。到时哪怕追悔莫及，也为时晚矣。"

C国首领的话犹如一只重锤重重地敲在每位首领的心中，会场一片安静。

W国首领咬咬牙，站了出来。"那么，对于这些纸张，C国准备如何处理呢？"

"事实上，我们 C 国科学家已经掌握了一项技术，可以在不破坏生态舱防护膜的前提下，将纸张吸收进来。我们预备将纸张全部整理后，交由研究员分析，如果不含有破坏环境的成分，就回收利用，不给海洋带来一丝压力。"

眼看大家心神摇摆，W 国首领再次开口，企图挑起矛盾："C 国首领说得好听，这个技术只有你们国家有吧，那不知你们又有什么要求呢？"

"无偿使用，没有任何附加条件！"

"嗡嗡嗡……" C 国首领的一番话引起全场骚动。

就在这时，C 国首领的办公室门被敲响，一位官员走了进来，低声汇报着什么。

"什么？" C 国首领惊讶地说道。

彩蛋多多

1. 净化作用

通过自然界生物（动植物、微生物等）对物质的分解、转化等方式，使环境中的某些污染物浓度降低或者总量减少的过程，就是净化作用。例如，在新房装修完时人们总喜欢在室内摆几盆绿色植物，除了美观，一个重要原因则是绿色植物可以吸收二氧化碳、吸附浮尘，又通过其代谢过程向空气释放新鲜氧气，从而实现对空气的净化作用。自然界虽然拥有巨大的净化能力，但不是无限的。因此，我们要好好爱护我们所生活的环境哦！

2. 日晷

日晷全称日晷仪，是我国古代较为普遍的计时仪器，它的功能等同于我们现在所使用的钟表。在古文中，"日"表示太阳，"晷"表示影子。日晷的字面意思是太阳的影子。早晨，太阳从东方升起，物体的影子位于西方，且此时影子的长度最长；随着时间推移到正午，太阳到了我们的正上方，此时影子出现在北方，长度最短；随着时间从中午慢慢推移到傍晚时分，影子的长度逐渐由短变长，并且逐渐向东方偏移。由于观测影子的方向变化便捷直观，因此日晷仪通常以"日影方向"来计时。日晷无法在阴雨天和夜晚使用。

3. 气旋

气旋是一种大气活动。想要形成气旋，首先要有一个低气压中心；其次，中心外围要有很多水平气流绕着中心旋转。夏天沿海地区很容易出现一种灾害性天气——台风，就是气旋。根据其形成的地区，气旋可分为热带气旋、温带气旋和极地性气旋等，我们所熟知的台风就属于热带气旋。除了气旋，地球上还存在另一种大气活动与之刚好相反，中心气压高于四周气压，叫作反气旋。气旋中心是低压中心，一般也是"风眼"之所在。

4. 风眼

　　风眼的另一个称呼是台风眼。台风是热带气旋转变而来，风眼其实就是气旋的低压中心附近一片相对平静的区域（参考：气旋）。如果从水平方向观察台风，我们发现台风存在着很有趣的结构层次，从中心向外具有三个明显不同特点的区域：台风眼区、眼壁区、螺旋雨带区。风眼区的平均直径在40千米左右，这个中心区域反而风力很小，天气稳定；而眼壁区的天气最为恶劣，狂风暴雨；在螺旋雨带区内，有若干雨（云）带呈螺旋状分布，会给经过的地区带来强降水和大风。说到这，大家可能会认为台风来临时，风眼是一个安全的区域，但台风是不断移动的，风眼只能说是"暴风雨前的宁静"。

5. 参数

　　如果你想控制一台机器，那么需要为这台机器设置各种各样的指令，而这些可以改变的指令，就是这台机器参数。在日常生活中参数无处不在。夏天的空调温度需要调控，这个情境下参数就是温度；晚上看书时需要开台灯，台灯的亮度就是参数；工人叔叔们操作起重机时，需要精确调整每一个参数如位置、速度等，才能吊起建筑材料。甚至，我们为了解决问题而列了一个数学方程里，与问题本身有关的变量也是参数。参数可以用来表明任何设备的任何变量或属性，意义非常广泛。

6. 夏至

夏至，中国二十四节气之一，进入夏至节气，意味着炎热的夏天将要来临。夏至一般在每年的公历 6 月 22 日前后。夏至的最大特点是，太阳将直射北回归线，北半球日照时间迎来最长。因此，夏至也是北半球白昼最长、黑夜最短的一天，北京市的日长可达 15 小时。过了夏至日后，太阳的直射点开始由北回归线向南移动，于是北半球的白昼逐渐开始变短。在夏至，不同的地方有不同的风俗：在北方人们常说"冬至饺子夏至面"，而江南地区的人们则喜爱在夏至日制作麦粽等食物。

 7. 地球自转

地球绕着自转轴自西向东的运动，称为地球的自转。地球自转一周约为一天。从北极点上空观察，地球在逆时针旋转。由于地球本身不发光也不透明，因此地球的自转给人类带来了昼夜交替。众所周知，地球接收的光线来源于太阳，地球正对着太阳的地区能接收到太阳光，这些地区处于白昼，而背对着的地区接收不到太阳光而处于黑夜。随着地球的自转，白昼黑夜交替进行。地球自转，还会导致在地球表面上进行水平运动的物体发生偏转。

 8. 地球公转

地球绕着太阳自西向东的转动，称为地球的公转。地球公转一周为 365.24 天，轨道为近似圆形的椭圆形。由于人们使用整数来纪年，因而为了抵消纪年上的误差，人们定义了闰年。地球的公转对人类的生产活动有着重大的意义：四季在一年中更替，昼夜长短在一年中周期变化，寒带、温带、热带则被清楚地划分。随着地球的公转，太阳直射点的位置在南回归线、赤道、北回归线之间来回移动，南极和北极处也会发生极昼或极夜的现象。

9. 星系

在天气晴朗的夜晚的天空我们能看到满天的繁星。这些繁星中有的确实只是一颗星星，但有的看起来是"一颗星星"，实际上却是一个星系。星系是一个包含无数单独的恒星、多星星团、星云和宇宙尘埃等的天体的系统，就像许多星球和宇宙物质互相交织在一起形成的系统。星系十分庞大，却又十分繁多。在地球上容易观察到的星系包括：我们所在的银河系，银河系两个"邻居"大、小麦哲伦星云，以及以仙女座为中心的仙女座星系等。

10. 楔形文字

楔形文字产生于公元前3000年的两河文明，是已知世界上最古老的文字。目前已被发现的楔形文字大多写于泥板上，少部分写于石头、金属或蜡板上。过去，苏美尔人经常使用削尖的芦苇秆或木棒在泥板上进行刻写，由于这种特制"笔"的尖头呈三角形，字的提笔处形状细窄，落笔处形状较为宽大，因而其线条形状十分类似于楔形，故得此名——楔形文字。

11. 降解

降解可以被认为是由大变小的过程：一般而言，有机化合物中有很多聚合物，分子量很高，在外界环境的作用下，将它们变成分子量较小的碳水化合物，我们就可以认为有机聚合物被降解了。有一个名词，相信大家一定都不陌生，那就是白色垃圾。塑料袋的出现方便了人们的生活，同时却也给我们的生态环境带来了巨大的危害。目前市面上的塑料袋的主要成分是聚氯乙烯，这种化学物质极难通过土地填埋来降解，它的降解周期可达百年以上。

第三章
爆炸性的新闻

"诸位！"C国首领挥了挥手，郑重地转身看向各国领导，脸上的表情夹杂着惊讶、疑惑、惊喜等多种情绪。"我现在有两个消息要公布。第一，信纸检测结果已出。根据我国研究院的抽样分析，就是两百年前的传统信件，回收利用即可，并不会对环境造成污染。"

"那真是太好了！"

各国领导人对视一眼，心里都松了一口气。W国可是出了名的吸血鬼，如果今天迫于无奈有求于他，借助W国技术度过危机，日后必将付出更大的利益才能满足W国那填不满的贪婪胃口。

"那另一个消息是什么呢？"一位小国首领好奇地问道。

"另一个消息就是，这片纸张并非无字白纸，而是一封外星来信！"说到这，C国首领的嘴角微微上翘，为C国孩子的优秀感到高兴。

"什么！？"各国首领瞪大双眼，纷纷讨论了起来。

当然，这场讨论并不仅发生在国际会议中，还出现在地球的每一个生态舱中。

"听说外星来信不是一张白纸，而是有字的！"

"天啊，竟然还是被两个小学生发现的！"

"这两个孩子可要成为世界大明星了！"

"外星人真的要来啦？说不定已经秘密降落到那所小学了，地球人不会有大麻烦吧？"

世界各地的大街小巷都被C国小学生发现外星密码的消息淹没了，连平日稍显冷清的街道都变得异常热闹。从写字楼、实验室到商场、餐厅……街头巷尾的人们此时此刻再也无法平静地继续手中的工作，每个人都不由自主地被吸引到这场空前的讨论当中，这是100年以来地球上最具爆炸性的消息了。

经联合国秘书长授权，全球应急通信系统启动了。联合国教科文组织向所有地球人发出破解密码的悬赏公告，此公告被转译为近5000种语言，分地区循环播放，传送到几乎每一个地球人的耳中："目前，神秘信件上的外星文字已被两名 C 国小学生发现，这是史上第一次截获到的外星文字，这是地球人探索宇宙文明中最重要的里程碑。现向全世界发出邀请，我们希望对探索地外星球文明感兴趣且精通外星文字研究的有志之士，加入 EPAE(Explore Planet And ET) 智库，共同破译神秘信函。成功破译神秘信函者将获得10000000 地球币作为奖金。"

"当当当"，C 国军事生态舱下方，阵阵敲打金属的声响从一艘废弃客轮中不断响起，但奇怪的是，连海水起伏变化都会严密监控的军事生态舱，却对这声音仿佛习以为常。

这是一艘始建于 2017 年的双层客轮，曾经风光无限地满载游客航行于波澜壮阔的大海中，如今却因年久失修而破旧不堪。但奇怪的是，如果细细观察，便能在这艘双层游轮中隐隐看到 C 国生态舱的影子。而如今，这艘游轮正紧紧贴附在 C 国军事舱下方，宛若一体。在客舱一层的最深处，灯光昏暗，水雾缭绕，一个人影不断敲击着一个老旧的机器人，这情形仿佛一位外科医生正在给久治不愈的病人实施手术。他歪着嘴角，鼻梁上低低地架着一副老式黑框眼镜，蒸腾的水汽使厚厚的镜片上始终笼罩着一层白雾，他不时擦拭着眼镜。那双全神贯注的眼睛始终盯着机器人胸前屏幕上的一行行程序代码，这眼神中既有一丝不苟的坚定，也掺杂着几分让人捉摸不透的平静。一双大手灵活地操作着，一粒粒豆大的汗珠伴随着他的动作，从他光秃秃的头顶上滴落下来。

"嘀"一声，在他按下机器人启动按钮的一瞬间，这老旧的机器人仿佛从沉沉的梦魇中猛地苏醒过来。刚一恢复工作，它就立刻收到来自联合国的信号，开始播报地球人再熟悉不过的声音："……外星文字已被两名 C 国小学生发现……我们希望对探索地外星球文明感兴趣且精通外星文字研究的有志之士，加入 EPAE 智库……"

那佝偻的身体因为机器人突然发出的声音而微微一震，他用右手食指轻轻地把黑框眼镜向上一推，在循环不断的播报声中陷入了沉思……

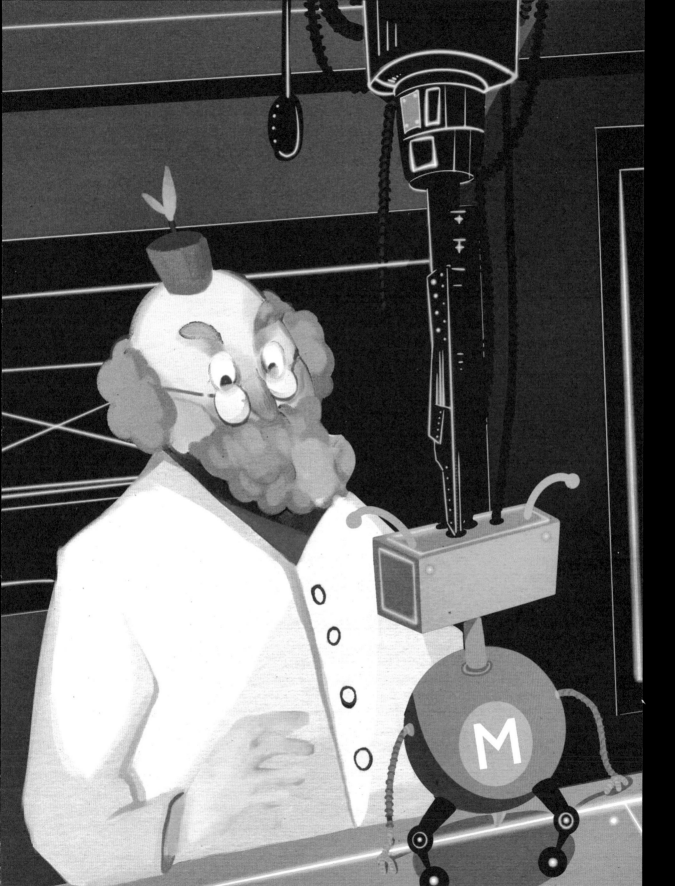

2

"丁零零——" C 国生态舱的一间小房子里，随着时间指示灯指向 7 点，房间里的墙壁逐渐由不透明转向半透明，温暖的阳光洒在休息舱上，折射出耀眼的光芒。

思宇左翻右翻，试图躲避阳光的照射。但很可惜，时至今日，柔软而遮光的棉花被、蚕丝被早已成了奢侈品，在各种由电子控制的叫醒服务助手——启动后，被折磨得睡意全无的思宇在 7 点 10 分离开了休息舱。

"早上好，妈妈！"

"早上好，思宇，早餐已经放在桌子上了，你记得吃完，我去上班了。"妈妈收拾好东西，急匆匆地走出门去搭乘前往工作生态舱的班车。

思宇看着桌上的早餐，不由得叹了口气。"又是这营养剂，虽说浓缩就是精华，但如果能将这些膳食纤维变成醋熘小白菜、白灼生菜啥的，我一定能吃一大碗！"思宇一边吃东西一边回忆自己在书本里看到的地球美食。

"思宇，你好了吗？我们准备出发了！"

听见门外传来小希的声音，思宇回想起昨晚约小希今天去图书馆找资料的事，他忙应道："马上，一分钟！"

看了看最后几口营养剂，思宇捏着鼻子，猛地一口灌了进去，强忍着奇怪的味道和诡异的口感，将营养剂全都吞进肚子里。在今天的地球，浪费是最可耻的事，无论是食物还是其他。

"你说图书馆里会不会有能破解这些文字的资料呢？"小希盯着那段神秘的文字，皱着眉头问道。

"这有谁知道呢？"思宇戴着帽子，一蹦一跳地走在马路上，踢起了小石头。

"那如果没有办法破译怎么办呢？"小希紧张地问道，"万一上面写着外星人要攻击地球呢？"

"小希，"思宇停下踢石头的脚步，转过头认真地说，"如果今天没有找到方法，我们明天可以继续找。就算学校图书馆里没有资料，我们还可以去其他图书馆找。但如果可以，我想将破解信件当成一件快乐的事，也许有惊喜等着我们呢！"

思宇的话让小希一怔，她看着思宇认真的样子，使劲儿点点头，心里的焦虑少了很多。"你说得对，今天不行我们就明天，哪怕要很久很久，只要坚持，一定会破解的！"

"那可不行！我们要当第一个破解的，这样全世界的小朋友都会崇拜我，我就有数不清的小弟了，哈哈哈……"思宇叉着腰大笑起来。

"快走，车来了！"小希拍了下思宇的头，走进已经到站的磁悬浮汽车。

为什么突然觉得那个马大哈的话可以信呢？小希摇了摇头，告诫自己不能被思宇的简单思维给影响。

"吱——"磁悬浮汽车缓缓地停了下来，行驶提示灯由绿转红。小希往窗外一看，发现还没有到学习生态舱。

这是怎么回事？小希和思宇对视一眼，奇怪不已。

突然，磁悬浮汽车广播响起："由于生态舱通道发生异常，当前已不可前往学习生态舱，本车将按原路返回。"

"怎么可以这样？！"思宇趴在车窗上，像蔫了的茄子一样。

"思宇，你不要着急，今天不能去我们就明天去，再说我们还可以去其他地方找资料。"小希看思宇闷闷不乐，安慰道。

"但这样我不就白起这么早了吗，早知道我就不调到 7 点起床了，那可是 7 点！"越说越伤心的思宇用脑袋撞起了手背。

小希闭了闭眼，深吸一口气，大声说道："我们这就去找企鹅老师，他那里一定有很多资料！"言语之间，已经完全没有了刚才的温柔，只有满满的坚定。

"可是……好的……"思宇看了眼小希的脸色，低声嘟囔道，"期末考试成绩可是快出了。"

3

"企鹅老师，您在家吗？"小希轻轻地敲了敲企鹅老师家的门。

过了好一会儿，企鹅老师才打开门。见企鹅老师脸色有些奇怪，小希便有些犹豫，但思宇倒不在乎，他大大咧咧地说明来意，想看看企鹅老师这里丰富的资料，看能不能找到破解信件的线索。

面对思宇和小希渴望学习和探究的热情，企鹅老师毫不犹豫地同意了。

"资料都在这里，你们慢慢看。"企鹅老师将小希和思宇带进资料室。

"好的，谢谢老师。"小希见企鹅老师转身去工作了，忙把东摸摸西摸摸的思宇拉了回来。"一进企鹅老师家，你就恨不得全身长满眼珠子，四处看个不停。"

"我这不是好奇吗！"思宇挠了挠头，"这可是我第一次来企鹅老师家。诶，你知道吗，我刚刚看见照片了，企鹅老师以前读书可厉害了，在春华大学读书，那可是九维博士任教过的学校呢。"

"是很厉害，但我还是更喜欢秋实大学，那可是革新博士的母校。好了，别多想，快找资料。"小希看思宇愤愤不平的模样，赶紧转移话题。

而此时，企鹅老师并没有像思宇和小希以为的那样在工作，而是看着新闻播报陷入了沉思。

书桌上，全息投影正 360 度还原着生态舱通道的场景。只见原本干净有序的通道，此时已经被一群身着红色衣服的人所占领。他们将所有开往生态舱通道的磁悬浮汽车全部拦住，手里挥舞着那些飞来的外星信件，行为夸张、面色激动。

"……快将九维博士请出来！"一个穿着红背心的大胖子挥舞着信纸，站在一辆汽车上，带头高声叫道。

"对！我们需要九维博士！"

"九维博士的理论被证明是对的！的确有外星人存在！"

数名士兵护着一位身材精瘦的老先生走了出来。老先生白发苍苍，腿脚已经行走不便，但一双眼睛依然炯炯有神。"大家请不要着急，

科学研究院已经全面开展破译神秘信件的工作，一旦有进展，会以最快的速度公布出来。"

看着这位老先生出来，大家互相对视一眼，脸上闪过一丝犹豫，一时间寂静无声。

"砰！"只听一声清脆的响声，一盆绿植被扔在地上，精美的花盆被打破，翠绿的植物也仿佛一瞬间被抽走精气神，蔫了下去。

"我们凭什么要相信科学研究院，你们研究了几十年，就告诉大家一个失败的消息——根本培育不出来在外面生长的绿植，你这种行为叫什么？叫浪费公共资源，阻止社会进步！"红背心大胖子将花盆一砸，大声说道。

听到这话，老先生连退好几步，眼神中也失去了光彩，仿佛大受打击。

红背心大胖子眼看身后的人们并没有因为自己的话更加愤怒，反而脸上隐隐带着不忍，他眼珠子一转，随即叫道："伙伴们，你们可别忘了，当初就是因为他，九维博士才离开的！只要让他为做错的事情道歉，九维博士就一定会回来，到时候咱们就有救了！"

红背心大胖子的话一瞬间戳中了众人的内心，他们脸上的不忍和愧疚瞬间烟消云散，转而变得理直气壮起来。

"道歉！"

"对！道歉！"

"让革兴博士给九维博士道歉！"

"……"

眼看瘦小的革兴博士就犹如一只浮萍一般，被红色大军淹没，企鹅老师痛苦地摇了摇头，紧紧地握住手里的东西。

漆黑的办公室内，一个男子坐在椅子上。

"咚咚咚！"一位助手敲开门，却被屋内的环境吓了一跳。

"有什么事？说吧！"办公室男子将墙壁调成透明，原来他正是刚刚在会议上发言的 C 国首领。

"首领，最新检测动态显示，继学习生态舱通道发生暴动后，工业生态舱也发生了暴动，但现在已经缓解。"

"革兴博士怎么样？"首领揉了揉眼睛，低声问道。

"已经送去医检查过了，除了擦伤以外，没有其他的伤口。但老先生精神不是很好，还一直说要见九维博士一面，向他道歉。"说到这儿，助理也忍不住叹了口气。四十年前，革兴博士简直是全民偶像，无数人以他为标准要求自己，不想今日，唉！

"你让他好好休息，告诉老先生，要振作起来。"

"是！"助理点点头，问道，"那暴动的事怎么处理？"

"将恶意散播谣言的人抓起来依法处理，其他的我来想办法。"首领挥了挥手，让助理离开，自己则站在窗前看着外面漆黑的海面，陷入沉思。

首领很清楚，这次暴乱，表面上是 W 国故意散布谣言，试图影响各国，但实际上，当革新博士宣布植物培育失败后，这场暴乱早已成为必然。真的要走太空探索这条路吗？难道当初的选择是错误的？九维博士又会在哪里呢？

彩蛋多多

 1. 通信系统

通信系统一般指利用电信号或者光信号来完成信息传输过程的系统。如果我想和他人进行信息交流，大家立马就会想到手机这个通信工具，那么"我""手机""他人"便组成了一个最简单的通信系统。在这个系统中，"我"和"他人"是两个主体，"手机"是传输的中介。根据传输介质的不同，通信系统可分为有线电通信系统和无线电通信系统。（详见：无线电波）。

 2. 磁悬浮

在地球上，如果我们想使一个物体悬浮在空中，那么必须有一个外力来克服物体本身的重力。当物体重力与外力恰好抵消时，物体就能实现在空中静止、悬浮。磁悬浮的原理，是利用磁铁的重要特点：同极相斥，异极相吸。通过磁铁间的斥力抵消重力。在我们的日常生活中，磁悬浮的典型应用是磁悬浮列车。飞速行驶的列车受到电磁铁的控制，运行时悬浮在铁轨上，摩擦阻力小，行驶速度可以达到很高。

第四章
外星人有话要说

思宇一来到企鹅老师的房间，就被桌前的全息投影吸引了："咦，这不就是通往学习生态舱的通道吗，怪不得今天车会返回来。"

"什么？"听到思宇的话，小希也将头从隔壁探了出来，观看这条新闻播报。

"好像并不只有 C 国是这样。"思宇将手腕的电子屏展现给企鹅老师和小希看，"整个地球中，有数十个国家发生了暴乱。他们都流传着一个谣言：这是地球对人们的惩罚，如果不能破译，地球一定会被外星人攻占。"

"要赶紧破解信件内容！"见不少人因为暴动而受伤，思宇咬紧牙关说道。

"可我们根本没有任何线索呀！"小希皱着眉头说道。

"企鹅老师，我相信，关于信件你手里一定有一些资料。"思宇盯着企鹅老师的拳头，认真地说。

"企鹅老师如果有，肯定早就告诉我们了，你别着急……"

"对！"企鹅老师抬起低下的头，打断小希的话说道，"我能联系到九维博士。"

"这……"思宇和小希对视一眼，都在对方眼中看到了巨大的震惊。

企鹅老师缓缓地松开一直紧握的拳头，在他的掌心，赫然放着一枚小小的芯片。"这是老师离开前留给我的，通过这个芯片，我将有一次联系到他的机会。"企鹅老师盯着掌心的芯片，脸上露出怀念的神色。

"那还等什么！我们快联系博士试试吧！"思宇开心地大叫起来，要知道九维博士可是他的偶像！他怎么也没想到企鹅老师居然是九维博士的学生。真是太幸福了！思宇笑得合不拢嘴。

企鹅老师看了看屏幕上的暴乱现场，又看了看手中的芯片，咬咬牙点点头。这是最佳的时机，企鹅老师心想：如果九维老师愿意出面破解难题，那么以前所有的诋毁都会烟消云散，老师的研究成果也会被众人所熟知。

三人来到一间电脑控制室。只见企鹅老师缓缓地将芯片插入电脑接口，一段一段的代码便呈现在屏幕上，加载两分钟后，屏幕上终于显示出了"正在连接……"。

　　小希握紧拳头，屏住了呼吸，这可是曾经名彻地球的九维博士，即使后来被众人诋毁，但小希还是觉得九维博士是名伟大的科学家。

　　很可惜，在信号灯闪烁了近三分钟后，便停止闪烁，屏幕上弹出了一行字：连接失败！

　　"怎么会这样！"思宇大失所望。

　　"可能是老师有什么情况。"企鹅老师取出芯片，叹了口气。九维博士当年留给自己的是单方面连接的信号接口，如果对方不接听的话他是没有办法通过其他方式连接九维博士的。

　　眼看今天是没有机会见自己的偶像了，思宇和小希垂头丧气地告别了企鹅老师。

　　而另一边，军事生态舱的破旧游轮下，破败杂乱的实验室一如既往，只是其中的一位男子和机器人已经不见了。信号灯闪了又闪，最终因无人接听而熄灭，似乎也就在这一瞬间，有什么事情随之发生了。

2

"小希，你有什么新想法吗？"思宇走出校门，不甘心地抓了抓头发。

今天是期末考试结束后的第三天，也是公布成绩并派发假期作业的日子。思宇的成绩并不那么令人满意，但此刻，他更关心的还是神秘信件。

"没有。"说起这个，小希也忍不住噘了噘嘴，脸上那丝由于第一名而少有的开心也不见了。

"难道秘密是太阳？"思宇拿起纸张仰着头对着天上望，可什么都没发现。

"哎哟！"光顾着看天空了，思宇与一个人撞在了一起，他忙收起纸张说，"对不起，我不是故意的……"

咦？思宇惊讶地发现，和自己撞在一起的是一个机器人，身上写着一个显眼的字母"m"，就叫它 M 机器人吧。只见机器人笨拙地做着前进、后退和翻跟头的动作，不时发出"咯吱""咯吱"的声音，好像一个腿脚不灵活的人非要进行杂技表演。

"哇，古董机器人！小希你快看，这恐怕是一百年前的型号吧！"

思宇忍不住喊道。

小希也注意到这不寻常的机器人，悄悄对思宇耳语："长得好像我们做出的信号塔呀。"

小希凑近了机器人，想看个究竟。这个将近 80 厘米高的 M 机器人感觉到有人靠近，热情地挥舞双臂，想把孩子的目光锁定在自己身上。看着机器人笨拙、夸张的动作，两个孩子不禁笑出了声。

这时，一个声音从他们身后响起："看实物不能只看外表，外观像一百年前的型号就是一百年前的吗？"

思宇抬起头，看到一个大胡子光头爷爷站在机器人身后，打量着自己，目光中带着一丝挑剔。

"话不能这么说呀，爷爷，俗话说好马配好鞍，如果真是那么厉害，干吗不配上一个好点的外壳。"听见这个陌生的爷爷一开口就批评自己和小希，思宇可不乐意了。

"老爷爷，您别生气。我们之所以这么说，是因为这个机器人连最基础的躲避障碍物的功能都没有。"小希拉了拉思宇，认真地向老爷爷解释。

"那是你们太狭隘！术业有专攻，能做好自己最擅长的事，就是最优秀的机器人！"老头子跺了跺脚，胡子都翘起来了。

"那您告诉我它擅长什么？表演吗？"思宇摸了摸机器人的小短腿，忍不住笑了。

"它最擅长的可是分析外来文字、传递外星信号！"

"真的吗？"思宇看了看小希，两人眼中惊喜又怀疑，这样一个看起来破破的机器人可以翻译最先进的机器人都解决不了的难题？

这时，恰巧企鹅老师下班从校门口经过，听见声音，便急步走了过去。

"啊！老师——可见到您了，您，您怎么在这儿？思宇，小希，这就是九维博士！"企鹅老师激动万分，"我们好久都没有您的消息了，这么多年您去哪儿了？"

思宇和小希也非常激动！

九维博士看着企鹅老师，皱着眉头哼道："嗯嗯，我不想让你们知道我的位置，你们就谁都无法获得我的消息。"

企鹅老师兴奋地扶着九维博士的胳膊，说："您终于愿意回来了，您可知道，这可是关乎地球的大事。"

企鹅老师向九维博士简短讲述了现在地球上的情况。九维博士眉头皱紧："看来，关键在于信纸上的符号！"

"所以说，目前最紧迫的事情就是将信件翻译出来。"企鹅老师说。

九维博士点点头："去你家吧。"

"好，那这两个孩子？"企鹅老师指了指旁边已经惊呆了的思宇和小希。

"他们？"九维博士打量着小希和思宇。

见九维博士皱起了眉头，思宇感觉心都要提到嗓子眼了，他忙将求助的目光转向企鹅老师。

企鹅老师见状，悄悄地对九维博士说了些什么，博士听完，眉毛一挑，神色露出几分惊讶，最后勉为其难地点点头。

思宇高兴地一蹦而起，他抱着机器人一顿夸奖，然后便跑到九维博士身边，扶起他的胳膊讨好地说："九维博士，您别生气，我刚刚就是发挥了下科学界的质疑精神。"

"哼！"九维博士冷冷地应了一声，脸色还是臭臭的，但却没有甩开思宇的手。如果你仔细看，还能看见他嘴角的一丝微笑呢。

3

又回到了熟悉的地点，但大家似乎都没想到，时隔几天，情况竟然发生了如此大的反转。

思宇小心翼翼地将抄有外星文字的纸条放在 M 机器人面前，焦急地问："我们接下来该怎么办呢？"

"做事不能心急！"九维博士说着，从口袋里掏出一枚小小的芯片，植入 M 机器人的脑部。只见机器人的双眼旋转了 360 度，像蜗牛的触角般直直地伸出了眼眶，一直延伸到纸条的正前方，进行着看似毫无规律的交错扫描。足足过了一个小时，机器人胸前的屏幕渐渐亮了起来，并开始有文字闪现。

思宇和小希守在屏幕前，忍不住一起读出了声："遥远的地球人，你好！我们是 Z 星球的对外联络官，我们向地球人发出了数次邀请，但是从来没有得到回应。经过反复讨论，这次我们设计了最稳妥的方案向地球投放信件，但是只有在地球日照时间最长那天的正午时分，信上的内容才能够显现。这样既不会被其他星球截获，也容易被聪明的地球人发现。我们诚挚地邀请首次发现信中文字的聪明的地球人访

问我们的星球。我们的 Z 星球位于宇宙中的半人马座，请相信我们的诚意，期待在遥远的太空与你们相聚。"

思宇和小希读到最后，激动地拍手叫道："我们可以和外星人交朋友了！"

"日照时间最长的那天……"兴奋感退去后，思宇好像又想起了什么，喃喃地重复着屏幕上的文字。

小希拍着思宇的肩膀，着急地提醒道："你忘了？那天就是夏至日啊，6 月 21 日，太阳直射地面的位置到达一年的最北端，直射北回归线，这时候北半球的白昼时间最长，而且越往北越长。这是企鹅老师上周刚给我们讲过的知识，你怎么这么快就忘了！"

企鹅老师看着这一幕，眼睛眯成一条缝，他看向自己的老师，此时的九维博士已经完全没有了刚刚刻薄的模样，看向两个孩子的眼神里满满都是欣慰。

似乎发现自己露馅了，九维博士轻哼一声转过头去，但嘴角的笑容还是没有藏住。"还不错嘛。"想到刚才企鹅老师讲的，这两个小学生竟然按照他曾经的笔记将信号塔搭建出来，九维博士顿时感觉以后应该更加严厉，他奉行"严师出高徒"！

4

当天夜里，企鹅老师敲了敲门，走进一个房间，将一杯温水放在床头柜上，看向床上的老人。"明天小希和思宇会将信件内容公布在网上，以他们的名义。您真的准备隐藏自己的身份吗？"

老人沉默半晌，点了点头。

企鹅老师欲言又止："您当年到底……"

九维博士淡淡一笑，打断企鹅老师的话："当年的事就别提了。如今，我只需要外星梦能继续延续下去，至于做梦的人是谁，我不在乎！"

"可是，当初，您那么希望……"见老人已经默默闭上了眼，企鹅老师叹了口气，轻轻地关上房门。

"吧嗒"一声，房门关紧了，九维博士却睁开了眼睛。

相隔数千里的一间病房内，一位老人也在同一时间睁开了眼睛。

他们似乎都回到了那个遥远的过去。

25岁时，作为最年轻的博士生，九维从国科大物理学院毕业，顺利进入C国科学院物理研究所最顶尖的实验室，成为一名年轻的科研人员。刚刚走上工作岗位的他踌躇满志，突飞猛进，很快就成长为一名年轻有为的科研新星，并被春华大学聘为兼职教授。正是那个时候，企鹅成了他的学生。他不仅公开发布了"看见"暗物质的最新证据，而且找到了人类借助暗能量虫洞冲出太阳系的可行性方案。人们丝毫不怀疑他会成为下一届诺贝尔物理学奖的获得者，唯一能与他竞争的便只有同属于天才人物的革兴。

虽然数十年来，人类花费了大量的人力、物力探索地外文明，但是现如今，依然没有地外文明存在的任何线索。科学界基本达成了一个共识：和地外高等生物取得联系也许只是人类毫无希望的空想。然而九维却固执地把他所有的热情都投入到了对地外文明的研究中，并坚信全宇宙高等生命的语言都具有基本的符号基因。

那是一个再普通不过的夜晚，当所有人都进入了沉沉的梦乡，只有九维还在书桌前不知疲倦地摆弄着自己研发出的万能机器人。突然，警报大作，机器人莫名地兴奋起来，屏幕上显示出一连串波形奇特的信号，这与平时接收到的宇宙微波背景辐射信号有很大的差别，和人类产生的电磁波更是有天壤之别。九维马上利用语言符号基因技术进行了翻译，机器人的屏幕上显示："Z 星球科学家呼叫外星文明！"

九维简直不敢相信自己的眼睛。可是，他心里却有一个坚定的声

音：自己多年来费尽心力研制出的机器人不会有错，自己开发的语言符号基因技术也不会有错，外星文明确实存在，而且和人类一样希望和其他高等文明进行交流。

九维决定要将这一重大发现马上告诉自己最信任的人，于是他一抬手腕，便将这条消息发给自己最好的朋友革兴和实验室首席科学家吴明。

此时的他，正在期望，明天自己的发明和发现可以获得满堂喝彩，从而走上更辉煌的科研道路！

夜已深沉，但一间房子里依然明亮，门前牌子写着：首席科学家办公室。吴明坐在办公室前，眉间的沟壑似乎怎么也填不平，他怎么也没想到，会有这么凑巧的事。

在吴明的面前，摆着两份文件。一份文件是最新的科研成果汇总，就在刚才，革新和九维分别都有了重大发现，这本是一件大好事，这两个发明意味着 C 国科研能力能前进一大步，并有机会领先于 W 国。但福祸相依，现有的经费只能选一个进行下一步研究，应该选哪个呢？吴明看着"外星联络技术"和"绿植生长技术"两份文件许久，缓缓地在其中一封文件上打了个钩。

第二天，九维刚一踏进研究所的大门，就被告知，外星研究计划已经被否决，希望他不要把科研经费挪用到已经被否决的地外文明探索课题上，应该全力帮助革新进行绿植研究。白天鹅跌落尘埃成了丑小鸭，九维的"重大发现"已经沦为科研界的笑柄，一种前所未有的孤独感笼罩着他。

但年轻气盛的九维又怎么愿意放弃呢，在多次请求与首席科学家吴明见面被拒绝后，九维带着自己的研究成果去找革兴。

一进门，九维就发现革兴的实验室和自己的完全是两个极端。穿过各式最新的机器设备，避开众多的新人助手，九维终于来到革兴面前。他希望可以和革兴好好谈一谈，因为这项研究不仅仅是个人荣誉，更关乎地球的发展。

"九维，别傻了，没有人会愿意将宝贵的资源投到一个没有任何希望的项目上。外星只是一个梦，做了这么多年，该醒了，地球才是我们需要拯救的。"这是革兴对九维说的最后一句话。

这句话，结束了九维和革兴的多年友谊。自此，九维博士便从众人眼中消失了。

彩蛋多多

1. 芯片

芯片的身影无处不在，电脑、手机、甚至遥控器里都含有芯片。为什么我电子产品都需要芯片呢？因为芯片可以说是电子产品的"心脏"。芯片的另一个名字叫作集成电路，它是由集成在一个小半导体晶片上的若干微小的电子器件组成的。这些微小的电子器件将完全控制电子产品的性能。随着芯片上集成的电子器件越来越多，高性能芯片的出现，将极大地推动当代数字革命。

2. 代码

人类之间的交流是通过语言完成的，人类与动物之间的交流主要通过动作，那么如果我们想与机器交流呢？这就需要借助代码来实现了。代码是指人类可识别的计算机语言指令，它必须遵循某种特定的计算机语言规则。可计算机并不懂我们的计算机语言该怎么办呢？这就是编译过程，可以把代码变成机器可读的二进制形式。我们在计算机进行的操作都需要代码实现的，只不过我们所需要的这个操作代码已经由程序员完善。

3. 扫描

扫描就是一种图像记忆。在扫描过程中，我们将利用手中各式各样的设备，录入或者读取图像呈现给我们的信息。打印机获得图片信息的过程，是扫描；医院里检查身体的 CT 技术也是扫描；生活中用手机进行移动支付时，二维码也被我们扫描了。

4. 半人马座

在中国南方的春季星空里，有一个巨大的明亮的星座，那就是半人马座。半人马座是南天星座之一，其最显著的特点就是明亮。它拥有两颗一等亮星：半人马座 α 星（古称南门二）和半人马座 β 星（古称马腹一）。半人马座 α 星也是全天空第三亮星。除此之外，半人马座 α 星也是距离太阳最近的恒星，也被称为比邻星。如果我们将所有亮星连接起来，这些连线会勾勒出一个手拿长枪、正在与豺狼搏斗的半人半马，它的上半身为人形，而下半身为马的身躯。

5. 暗物质

宇宙是一个未知的世界，人们一直在努力窥视它的真貌。大量的天文观测结果显示，许多星体的运动过程不符合牛顿万有引力定律。1922 年天文学家卡普坦在研究星体系统运动时，提出星体周围可能存在影响其运动的不可见物质——暗物质。自此，寻找暗物质的存在证据逐渐引起天体物理学家的关注。暗物质之所以让人困扰，是因为它的不可直接观测性，我们目前尚未通过已有的测试仪器观测到暗物质，但某些间接手段可能可以证明暗物质的存在。

6. 暗能量

宇宙起源于一场大爆炸，但关于宇宙的终点结局，天文学家曾提出三种看法：大挤压、减速膨胀直至停止、无限膨胀直至冷寂。但是，这三种观点都不对！根据天文学家哈勃的观察结果，"所有星云都在彼此互相远离，而且离得越远，离去的速度越快"。因此，整个宇宙在不断加速膨胀，而令宇宙加速膨胀的驱动力就是暗能量，它将所有的东西向外推开。在宇宙物质和能量的组成中：我们接触的一切物质，仅占宇宙的 5%；暗物质约占 27%；暗能量则占据了宇宙的 68%：但除了令宇宙加速膨胀外，我们对此几乎一无所知。

7. 宇宙微波背景辐射

在大约 140 亿年前，宇宙由一个致密且炽热的奇点开始膨胀，宇宙从热到冷，物质密度从密到稀，这个过程如同一次巨大的爆炸。宇宙微波背景辐射就是宇宙大爆炸的残留热辐射，它来自宇宙空间背景上各向同性的微波辐射，我们可以类比理解为，熄灭的火盆里仍会感受到一些残留的温度。在 20 世纪 60 年代，美国科学家 Penzias 和 Wilson 观测到微波背景辐射，并且测得这些来自宇宙的辐射波长为 7.35cm，对应的温度为 3K。这一发现也进一步地验证了宇宙大爆炸学说的科学性，两位科学家也因此而获得了 1978 年诺贝尔物理学奖。

第五章
起飞，向那遥远的外星

一条来自互联网的消息震惊了全球：神秘的外星来信已被 C 国学生王思宇和刘小希破译！ Z 星欢迎地球朋友的光临。

毋庸置疑，这是一个千载难逢的大机遇！全世界都将目光转向 C 国，他们会如何处理呢？是独自飞往 Z 星吗？这次外星建交会给地球生态环境带来转机吗？各个国家或是发来贺电，或是按兵不动，但谁都能感受到，平静表面下的暗潮涌动。

上午10点, C 国首领向世界各国发送邀请函: 邀请各国尖端人才，组建一支世界顶尖的科技后援团队，专门为本次宇航任务保驾护航。

这一消息的公布，再次掀起轩然大波，这正是生态舱发明的一百年后，全地球的再次合作。

C 国科学院内，一名男子正在工作人员的保护下步履匆匆往门外走去，不少记者围在周围不断提问："请问您对这次 Z 星之旅有何看法……邀请其他国家是否意味着成果共享……C 国不担心这次科技成果被破坏吗？"

听到最后一个问题，男子停下脚步，用坚定的目光望向提问的记者："今天的 C 国不是 40 年前的 C 国，今天的世界也不是 40 年前的世界。"说完，男子便转身走向磁悬浮汽车："开往医院。"

"是，吴明先生。"汽车自动行驶向医院。

吴明按了按太阳穴，试图缓解眼睛的酸疼。自 C 国这个消息公布以来，他便不断受到质疑，但他相信自己的决定，这次关乎地球未来命运的行动应该由全地球共同参与。不过，如何保证科研成果不被破坏？那当然就是需要找到足够优秀的领头羊！关于这个问题，他相信革兴博士现在有着和他一样的看法。

不管各国对 C 国行为的目的如何猜测，他们最终还是选择参与这项计划。全球知名的科学家、军事学家和工程学家，以及各个领域的佼佼者们都对这次任务给予了高度的支持与帮助，想尽办法为这两个孩子制订出一套最合理、最优化的方案。作为后方支援与保护的小分队也在悄悄地组织人手，计划建造一架隐形飞船，在危急关头提供保护，以保证他们抵达那个遥远又神秘的 Z 星球，让他们给地球上的伙伴们带来更多切实可靠的消息，为全世界揭开 Z 星球的神秘面纱。为了打消孩子们的顾虑和人们的担忧，一支由全球最杰出的科学家们组成的智囊团出现在了 C 国的国家会议室。科学家们将现有蛛丝马迹汇聚在一起，试图从中获取更多的有效信息。

同时，各国物理学、军事学、宇宙学和工程学等领域的大批专家正在紧锣密鼓地讨论，制订建造宇宙飞船的方案，规划宇宙飞船的航行路线，并做好各种应急预案及安全保护措施，以确保思宇和小希能够顺利抵达那个对人类来说几乎一无所知的星球。同时，科学家们把地球上的制造技术、运输技术、建筑技术、能源技术、生化技术、通信技术的精髓都做了优化，以面对一路上可能遇到的未知问题。科学家们设计了超级设备全自动制备中心，就地取材并 3D 打印，可以按照孩子们的需求进行设计、加工和制造各种设备。

2

小希和思宇正在参加前往 Z 星前的最后一次培训。

"叔叔阿姨好!"思宇和小希迫不及待地跳下车,好奇地观看着军事生态舱中的航天城。

接待他们的是担任此次太空航行指挥任务的总工程师和总控制师。

"两位幸运的小朋友,你们好。根据我们的分析,你们飞往 Z 星球的路程遥远,有 4.3 光年的距离,这意味着光速飞行需要 4.3 年,幸好我们有'虫洞'可以快速直达 Z 星球。虫洞,可以认为是宇宙中的高速公路。可是,进入虫洞之前和离开虫洞之后,你们仍然需要常规飞行。在这次飞行任务中,你们可能会面对很多困难。不过不用害怕,我们会支持并保护你们!"思宇、小希听了,顿时心里踏实了很多。

这是一座巨型建筑物,抬头望去,高大的神舟 495 号宇宙飞船映入眼帘。走进飞船,摆在最显眼位置的就是科学家专门为他俩设计的宇航服。"小宇航员们,你们看,我们为你们设计的神奇'外衣',

它不仅抗寒保暖、防辐射，而且自带动力、导航装置和防御武器。别看它和你们现在穿的衣服没什么两样，其实里面包含了人类掌握的最前沿的航天科技，它就是一个小小的堡垒，方便你们将来出舱活动。"

"飞船怎么没有螺丝呀？而且这么大的飞船连接口都找不到？"思宇好奇地问。

"我们的飞船是在极寒的特殊工作间建造的，采用到纳米技术，到了宇宙空间，飞船的缝隙处也可以更紧密地连接在一起，保证良好的密闭性。"总工程师说。思宇接话道："啊，我知道，纳米技术是用单个原子、分子制造物质的科学技术，做出的东西可以天衣无缝。"

小希若有所思地问："这样做的确可以让飞船更坚固，但是我们飞得这么远，得需要多少能源呀？万一用光了可怎么办？"

总工程师说："别担心，我们准备了足够的能源。看，这几块折叠起来的巨大板子就是飞船的太阳能板。在太阳系内，它能为我们提供不间断的能源。当飞出太阳系以后，其他恒星的微弱光芒也可以通过这块板子收集。即使是飞进了阴影区，也会有很多储存的备用燃料供飞船使用。"

"燃料箱在哪儿呀？我要看看它够不够大。"

"来，我们进去看。"总工程师带着两个孩子走进太空舱内。思宇和小希都愣住了，"叔叔，这……这舱内怎么什么都没有呀？"

总工程师微微一笑，拿起嵌在墙上的平板电脑，手指飞快地在电脑屏上划来划去，一块硕大的显示屏瞬间投射在他们的面前。

"你们看，显示屏的右下角就是燃料箱的使用情况，现在是百分之百，在没有其他能源的情况下仍能飞行 5 个月。"

叔叔继续划着，很快，原本空空如也的太空舱弹出了各式各样新奇的仪器。小希看花了眼。

总工程师叔叔说："这个最大的屏幕是主显示屏，你们飞行中的重要数据，都将显示在这上面。比如，宇宙地图、航行位置、飞船的坐标和速度……"思宇激动地问："我们的飞船能飞多快呀？"

"飞船必须要达到第三宇宙速度才能冲出太阳系，也就是每秒飞行 16.7 千米，实际上我们飞船的速度比这个速度还要快得多！"

"我们的飞船可真厉害！"

总控制师阿姨补充道："对呀，飞出太阳系需要摆脱的太阳引力可是很大的！"

"那我们怎么和爸爸妈妈报平安呢？"小希有些紧张地问道。

总控制师阿姨轻轻地摸了摸小希的头，说："小姑娘，咱们先进的无线电通信系统可以让你们和地球取得联系。只要你按下这个带有电话标志的绿色按键，就可以接通到飞行控制中心，中心会帮你将信号转接到爸爸妈妈手中的平板电脑上。"

思宇赶紧补充道："北斗超导航系统还可以让爸爸妈妈看见我们飞行的位置呢！"叔叔笑着说道，"思宇知道得还挺多。那我们就来看看最新的北斗超导航系统。"

这时，一个虚拟的银河系立体模型出现在他们四周。舱内灯光瞬间变暗，孩子们被这浩瀚的银河深深吸引。

思宇高声喊道："小希你看，这是太阳系！那颗最亮的是太阳！"

小希也激动地望着美丽的宇宙："那蓝色的球体一定是地球！那边就是猎户星座！"

"哈哈哈，两个小朋友知道的真不少。不过在飞行过程中，如果你们打开北斗超导航系统，不需要转身，只要稍稍用手拨一拨，整个宇宙模型都跟随着你的手指旋转。"

正在思宇、小希认真观察的时候，总控制师阿姨翻过平板电脑，舱内的所有显示屏和系统立刻缩小。平板电脑背后有两块圆形的标志，阿姨轻轻揭下来，分别贴在思宇和小希的手腕上，两块轻薄、小巧的显示屏立马亮了起来，小希诧异地问："这是什么？"

阿姨还没有回答，思宇就按了一下椭圆形的按键。轰隆一声，两个胶囊形的休息舱从他们的身后弹出，把两人盖起来，逐渐竖起。

思宇头朝着地面，倒立在胶囊舱内大叫了起来："睡在这里面，我是在冬眠吗，不过这也太不舒服了吧！"

"思宇，快点击手腕上的红色停止键，你们刚刚触发了飞船发射状态启动键。"阿姨喊道。

按下停止键，胶囊舱这才恢复了原本平稳的状态。思宇、小希赶紧跳了下来，总工程师叔叔说："飞船升空时，胶囊舱保持竖直状态，当飞船成功飞入太空后，它就可以作为你们休息的床了。"

这次的飞行培训可谓是让思宇和小希大开眼界。

回去的路上，思宇沉思了许久，还是决定问问小希："小希，你有没有觉得这次飞行培训少了些什么？"

"少了什么？"小希缓缓地回忆着，她的确也觉得这次培训有些不够完美，为什么会有这种感觉呢。

"我想起来了！"思宇激动地挺直了身体："是通信系统不够先进！"

"对！"有了思宇的提示，小希终于找到了问题所在："昨晚九维博士和我们分享了他最新的通信研究成果，我感觉比今天飞船内的通信系统更高级！"

"对！"思宇似乎想到了什么，又叹了气："可惜九维博士根本不愿意让大家知道他的伟大成果。"

"要是九维博士也在科学院支持我们去 Z 星就好了！"

小希和思宇有些低落地低下头，他们并不知道，此时，已经有一位白发苍苍的老先生敲开了九维博士的房门。

3

终于等到了飞船发射的那一天，思宇和小希踏入航天城。里面所有的科学家和工作人员都在为发射做着最后的准备，匆忙的脚步声提醒着他们就要离开地球了。

思宇和小希不舍地和爸爸妈妈告别，内心既激动又彷徨。

总控制师阿姨说："小宇航员们准备好了吗？我们马上就要准备进舱了！"

思宇和小希向爸爸妈妈挥挥手，向飞船走去，进入太空舱后，舱门关闭，总控制师在门外竖起大拇指，说："孩子们，加油！"

思宇和小希迅速拿出平板电脑，贴好手腕显示屏，升起胶囊舱，躺了进去。安全系统自动开启后，思宇接通无线电通信系统，与飞行控制中心取得联系。思宇和小希按照总控制师的指令，按部就班地准备起飞。

控制中心一片寂静。大家的目光紧紧地盯着大屏幕，信号成功接通后，思宇和小希的画面出现在大屏幕上。所有人都屏息疑神，总控制师说："倒计时三分钟……倒计时一分钟……"

小希听到后说："思宇，你还记得每次航天英雄们在起飞的那一刻都会敬军礼吗？我们一会儿也敬个少先队礼吧！"思宇点了点头。

"10、9、8、7、6、5、4、3、2、1，点火！"

随着轰鸣声响，飞船冲上了天空，思宇和小希庄严地举起了右手，敬了一个标准的少先队礼。

各地分控制室向飞行控制中心不断汇报着数据。

"雷达信号跟踪正常。"

"光学信号跟踪正常。"

"宇航员生命体征正常。"

"雷达信号跟踪正常。"

"光学信号跟踪正常。"

"沿地球倾斜角度飞行。"

几分钟后，大屏幕上显示飞船与助推器成功分离，飞船太阳能帆板成功展开，飞船发动机点火成功。总控制中心内，响起雷鸣般的掌声。

就在大家松了一口气的时候，小希的声音忽然从无线电通信系统中传来。"我觉得自己呼吸困难，是不是升入太空后，飞船的氧气不足了？"

"不会的，我们采用的是空气循环再生系统，可以保证舱内空气中氧气含量保持在 21%，这和地球上的氧气含量是一模一样的。"

总设计师说："你可能是太紧张啦，深呼吸，胶囊舱数据显示你现在身体的各项指标都正常。"

也不知过了多久，外面已不再是熟悉的风景，而是浩瀚的宇宙。

小希操作系统，自己从胶囊舱中走到窗口前，她惊呼了起来："思宇，这不是 M 机器人吗？"

"哪里，哪里？"思宇急忙坐了起来，发现一个熟悉的老旧机器人正摆在操控室的角落里。

小希和思宇连忙打开无线电通信系统，联系 C 国科学院。

几分钟后，两个熟悉的面孔出现在屏幕上："九维博士！革兴博士！"思宇和小希惊喜地大叫起来。

"两位小朋友，这就是 Z 星研究计划的主负责人九维博士和革兴博士，你们有问题可以随时联系我们，祝你们路途顺利。"总设计师叔叔说。

　　小希和思宇用力地点点头，有了这两位博士，他们相信什么问题都会迎刃而解的。

 1.智囊团

　　智囊团，通常由两人或者两人以上组成的团体。他们为了同一个目标的实现，贡献自己的知识与思想。在中国古代，许多君王都会有自己的军师，尤其在春秋战国时期，门客、谋士在当时的军事与政治活动中发挥着巨大的作用。简单一点说，他们的存在就是为解决实际问题而出谋划策。智囊团就是团队的智慧担当，他们可以来自科学、人文、教育等各行各业。

2. 宇宙飞船

嫦娥奔月是我们从小听到大的神话故事，但现今随着科学技术的进步，飞天已不是一个遥不可及的梦想。我们若想从地球前往另一个星球，显然普通的交通工具是做不到的，我们需要借助翱翔于太空的工具——宇宙飞船。它是一种可以载人和物飞往太空的航天器，为了保障航天员在外太空的生活与工作和宇宙飞船的安全返回，它的设计要求十分复杂。1999年，中国第一艘宇宙飞船"神舟号"试验飞行成功，标志着我国的航天事业进入一个新的发展阶段。

3. 光年

宇宙天体与天体间相距很远，如果用日常生活中的长度单位米、千米等来衡量其距离，数值将会十分巨大。为了方便描述，天文学上采用"光年"为单位来计量天体之间的距离。看到年，自然会联想到时间单位"年"，但光年定义是光在真空中传播一年所走过的距离，因此它是一个长度单位。一般我们在描述宇宙中恒星和恒星之间的距离才会使用"光年"，例如，我们所处的银河系的直径约为十万光年。假设有一艘光速飞船从银河系的一端出发，那么它达到银河系的另一端需要十万年。

4. 虫洞

20世纪30年，爱因斯坦和罗森联合提出爱因斯坦－罗森桥，也被称为时空虫洞，简称为虫洞。虫洞是一个用来链接两个不同时空的狭窄隧道，它的出现可以让原本相距甚远的两个时空瞬间变得很近，就像哆啦A梦的任意门，可以实现瞬时转移甚至时间旅行。目前，人们还没有直接观测到虫洞的存在，虫洞只是一个理论上的概念。人们猜想，宇宙中存在数以万计的虫洞，只不过这些虫洞的直径都不够大，无法让宇宙飞船顺利穿过；另一方面，由于其巨大的引力，虫洞消失得很快，可能你还未穿过虫洞它就已经崩塌了。

5. 纳米

"米"是我们最常用的长度单位，比如一个10岁小朋友的身高，可能是1.4米。但如果我们要观测微观尺度，比如一个分子，"米"这个单位就显得有些巨大无比了。我们需要更小的长度——纳米，来描述微观的尺度。1纳米等于1米的十亿分之一。随着科技技术的发展，材料的生长尺寸已经可以做到纳米级别，纳米技术随之兴起。由于其微小的尺度会导致材料中的量子效应变得不可忽略，纳米材料的变得与众不同，发展应用的潜力巨大。

6. 原子

原子是一种微观粒子。在化学上来说，原子是保持一种元素特性的最小粒子。但在物理学上来说，原子是可以再分割的。它是由一个致密的原子核和若干核外电子组成，而原子核由带正电的质子和不带电的中子构成。原子整体表现为电中性，原子核所带正电恰好与核外电子的负电荷完全抵消。原子直径的数量级一般为0.1纳米左右。原子质量很小，并且原子质量大多集中在原子核上。

7. 分子

分子是一种微观粒子，是构成物质的基本粒子，也是物质体现其物理化学性质的最小单元。原子在一些特定的作用力的作用下，以某种排序结合成为分子。例如，水的基本构成就是水分子 H_2O。虽然水分子还可以再被分解为氢原子和氧原子，但氢原子和氧原子已经不能体现水的特性了。因此，水分子就是体现水特性的最小单元，也是组成水的最小单元。

8. 恒星

浩瀚无际的宇宙拥有无数的天体系统，那什么样的星球才能叫作恒星呢？天文学家对恒星的定义是：由引力聚集而成的球形发光体。显然，我们的地球并不满足发光这个条件，因此它不能被称为恒星。说到恒星，最先想到就是太阳了。太阳既是离地球最近的恒星，又是地球生物获取能量的重要来源。虽然宇宙中恒星的数目并不少，体积亦不会太小，但它们都距离地球很遥远，因此我们看到的都是夜空中的一颗小星星。离太阳最近的恒星是半人马座的 α 星 C，距离我们就已经有 4.2 光年了。

9. 宇宙速度

在地球表面发射一颗卫星或航天器，让它围绕地球运转而不落地的最小速度，称为第一宇宙速度，大小为每秒 7.9 千米；在地球表面发射一颗卫星或航天器，让它能逃离地球的引力场的最小速度，也就是说它可以不围绕地球运转的最小速度，称为第二宇宙速度，大小为每秒 11.2 千米；在地球表面发射一颗卫星或航天器，让它能逃离太阳的引力场的最小速度，称为第三宇宙速度，大小为每秒 16.7 千米。

10. 银河系

在中国古代的神话故事里，银河是王母娘娘用银簪划出一道天河，这似乎为银河增添了一笔传奇色彩。银河系是一个巨大的星系，它拥有约 1~4 千亿颗恒星和大量的星云、星团等。银河系由银盘、银晕和银冕组成：其中银盘的外貌为一个薄圆盘，银晕和银冕是银盘外的大范围的球形分布。在晴朗的夏季夜晚，如果天空和周围环境足够黑，我们可以看到天空中有一条好像被烟雾笼罩着的光带——这就是银河系的银盘。由于地球身在银河系中，因此我们看到的光带只是银河系的局部。

11. 太阳系

　　太阳系是指以太阳为中心的一个天体集合体，包含太阳以及所有受到太阳引力的天体，它属于银河系的一部分。目前，太阳系有八个行星，分别是水星、金星、地球、火星、木星、天王星和海王星。这些行星都以太阳为中心进行着近圆周运动，且除金星外其他行星的自转方向和公转方向一致。太阳系99%的质量都集中在太阳上，太阳的直径相当于地球的109倍，质量相当于地球的33万倍。太阳也在绕着银河系的中心进行着它的公转运动，它的公转周期大约为2.26亿年。

12. 生命体征

　　生命体征是衡量生命活动存在与质量的重要标准，是评估身体健康与否的重要项目之一。在医学上，生命的四大体征包括呼吸、体温、脉搏和血压。它们是维持机体正常活动的支柱，缺一不可，无论哪一项的异常都有可能标志着身体机能的异常。医护人员不但要全面了解生命体征的意义，还需要时刻关注病人的生命体征变化，以便及时地采取有效的措施进行救治。呼吸、体温、脉搏、血压这四大体征都是我们可以观察到的，并且都有正常范围。平日里我们可以多关注自己的生命体征是否正常，如果生病要及时休养或请求医生帮助。

第六章
啊，飞船停电了

飞船平稳地行驶在太空中，当思宇和小希再一次从太空舱醒来时，熟悉的太阳系正在远去。

"再见，地球，再见，太阳。"小希望着远处那个小小的蓝色星球说道。出了太阳系，飞船驶入"虫洞"，进入了"宇宙高速公路"。在这里，时间和空间好像被压缩了一样，瞬间就穿越到了半人马座，驶出了"虫洞"，飞船进入常规飞行状态。

"说起来，阳光这种资源才算得上是真正的可再生资源呢。"思宇一边回想着离开前C国首领交代的任务，一边摆弄起M机器人："奇怪，它怎么不动呀？"

正说着，M机器人像是被唤醒了一般，缓缓走动了起来，可还没两分钟，M 机器人就停了下来，脑袋上闪起了红光。

"这是怎么回事！"思宇抱起 M 机器人，看来看去，最终在 M 机器人胸前发现一块古老的电子屏，屏幕上写着："当前电量已不足 1%，请尽快充电。"

"快找充电接口！"小希闻声赶来，试图在太空舱找到充电接口，却发现飞船上的充电端子全是无线感应充电，M 机器人根本不支持。M 机器人是飞船起飞前临时加上的，真是"智者千虑，必有一失"啊。小希要疯了。

"也许我们可以试试水果电池。"思宇一本正经地说。

"水果电池？你傻啦？"小希生气地说，"水果电池的电连一个小小的二极管灯泡都无法点亮，根本不能给 M 机器人充电！"

"哼，那是你的水果电池没有做好。本大王做的这个，肯定可以充电！"思宇坚定地说。

"那你就试一试吧！"小希要看思宇出洋相。

思宇打开 M 机器人的机器腿，故作惊喜地发现了一个备用电池接口。

思宇自言自语地说："M 机器人对这趟行程极为重要，它可以联系九维博士和地球科学家们，还能开心解闷。所以，为 M 机器人

104

充上电是必不可少的。"

"说傻话，做傻事，冒傻气！"小希说。

只见思宇点击屏幕，从工具箱中找出了铜片、铝片和导线，接着将铝电极和铜电极小心翼翼地插入两个橙子里，最后拿出两个电极夹，分别夹在了机器人电池接口的正负电极上。

"吱……"机器人微微震动一下，显示已进入充电状态。

可还没等思宇松口气，M 机器人的充电显示又没了，不仅如此，连一直闪烁的红灯也消失了。现在的 M 机器人犹如一个大铁块，彻底关机了。

"实验失败啦！呵呵！故意逗你开心的！"思宇握着两个橙子傻笑着。

小希剥下橙子皮，将橙子肉中的核分离出来，小心翼翼地放进衣服外的口袋里。思宇三口两口把橙子吃掉了。

"在吃掉橙子之前还能做个实验，我太聪明啦！"思宇努力地嗅了嗅飞船中残余的橙子味，意犹未尽地说，"我长这么大，好像都还没有吃过水果。"

"如果我们能完成这次任务，不仅是我们，说不定以后的小朋友们都可以吃到橙子了。听爸爸妈妈说，两百年以前，只要到了橙子成熟的季节，想吃多少就有多少。"

"真的吗？"思宇瞪大了眼睛，心里惊讶又激动。他的理智在告诉他，小希说的是真的，因为他也在书里看到过类似的描述："在过去，地球上一年四季都会有不同的水果成熟，春天的草莓，夏天的西瓜、芒果，秋天的橙子、柿子，冬天的枣子，都是人们喜欢的食物。"但在情感上，思宇又觉得有点不敢相信，现在这些寻常人难以见到的水果真的在过去唾手可得吗？想到这，思宇感觉自己内心又充满了力量。

"轰隆！"飞船轻轻地晃动起来，思宇和小希对视一眼，忙跑到监控室去查看飞船的情况。

"不好，是陨石群！"思宇盯着大屏幕说道。

"我们一定要把陨石击碎，要不然飞船会被砸坏。"小希迅速反应过来。

但应该选什么方式呢，小希看着眼前的两个攻击键犯了难，是用微波武器还是激光武器呢？

眼看陨石群越来越近，思宇高声说道："用微波武器！激光武器虽然是太空中的首选武器，但对如此多的陨石并不适用。微波武器和雷达紧密结合，自动跟踪和自动判断，所以要用微波武器。"

"对，只击毁那些阻挡我们的陨石就可以了。我来计算，你来锁定目标！"

"好！分头行动！快！"

在这一刻，两人长久以来的默契终于显现出来，他们一人计算出哪些陨石会阻碍飞船前进，一人对这些陨石目标锁定。

眼看陨石就要撞击到飞船上，小希迅速在控制盘上输入数值……随着指令输入完毕，"轰"，距离飞船最近的一块陨石瞬间被震得粉碎，化为宇宙中的尘埃。

但是，越来越多的陨石向宇宙飞船逼近，在思宇和小希的配合下，小小的飞船忽左忽右，如同一个灵活的战士，有的击碎，有的躲避，在陨石阵群的包围穿行。思宇越来越得意。

在快要冲出陨石阵的时候，飞船躲闪不及，"呼"的一声，被一块大陨石碰到了右后侧，警报响起来！好在飞船借势冲出了陨石阵。

渐渐地，飞船四周恢复了平静。思宇和小希长舒一口气，拉着手欢呼起来。窗外，一颗星球越来越近了。

"滴，飞船即将迫降，请做好准备！"随着飞船的警报响起，小希和思宇这才发现，由于陨石的碰撞，能源供给系统也无法再运作，整个飞船随时面临着因能源枯竭而失控的危险。

紧急迫降势在必行。

2

"轰隆"一声巨响，飞船着陆，震醒了这颗神秘的星球。着陆震荡出的尘埃如同巨型烟圈般一环一环地向外扩散。

思宇和小希在太空舱的保护下，虽然得以平稳降落，但依然被巨大的震动弹了起来，踉跄了几下，摔倒在地。小希感到耳膜像被糊上了一层牛皮纸，紧接着又感受到一阵钢针穿透般的疼痛。

舱内一片混乱，思宇手中的平板电脑滑落到太空舱的另一端，他忍着后背的不适，揉了揉眼，按下了飞船固定按钮，强磁芯片的磁力总算将左摇右摆的飞船固定了下来。

"咱们现在应该怎么办？"小希从地上爬了起来，努力地想让自己镇定下来，但微微颤抖的双脚还是暴露了她的恐惧。

"先……"思宇从地上爬起来，顾不上摔疼的膝盖，环顾起飞船四周观察起窗外的情况。只见这颗意外降落的星球黑漆漆的一片，什么都没有，思宇一时也犯了难。

"外面会不会有危险呀，这么黑。"小希看着飞船报警不断显示的红灯，有些慌了神。

"有了！"小希的话一下子提醒了思宇。只见思宇翻箱倒柜，从飞船角落里搬出一个四四方方的仪器出来。

"这是……环境探测器？"

"没错！"思宇打开仪器开关，仪器上的小灯泡就像一串小珠子一样，一个接着一个亮了起来，思宇庆幸地说："还好这个不需要飞船能源。"

"嗯！"小希认同地点点头。不同星球之间的环境都是不一样的，为了保证自己的安全，这项检测必不能少。

"飞船迫降需要维修，只有修好了飞船，才能使用备用能源系统，继续前往 Z 星。"思宇一边说，一边控制着升降台将仪器放到地面。

"滴"环境监测仪器达到地面后，原地绕了三个圈，似乎在确定周围环境。随后便伸出数只机械触手，一些插入到土地里，一些像个大扇子一样伸展在空中。不一会儿，各项检测数据就被实时传递到飞船 的电脑内。

【气压适合人类，无有害气体，氧气含量是地球的 80%】

"氧气含量是地球的 80%，我们可以维持呼吸。"思宇若有所思地说。

【有水资源】

"居然还有水资源，看来可能是个能源丰富的星球呢。"小希高兴地说。

【风力为 0】

"一点风都没有，是因为地势的原因吗？"思宇犹豫地说。

【引力约为地球的 5/6】

"我记得书上写，月球的引力是地球的 1/6，这里的引力是地球的 5/6，看来待会我们如果下去，走路要小心一点儿。因为引力小，应该会有更多东西浮在空中。"小希提醒道。

【气温为 0℃】

"可以不穿宇航服出舱！"飞船智能系统提示。

"并不算极端气候呢！"思宇能接受这个温度。

思宇将神秘星球的各项数据与地球数据一一对照完毕，轻轻松了一口气，从目前来说，这个神秘星球有可能有着大量资源，并且环境也不算恶劣，真的可以说得上是意外惊喜呢。思宇将环境检测仪收好，整理好到神秘星球可能需要用到的物品，便拉着小希下了飞船。

舱门一打开，一阵寒风便扑面而来。

"不是说风力为 0 吗？"思宇捂着被吹乱的头发，转过身去，哇哇大叫起来。

"应该是因为咱们的飞船舱内很温暖，当暖空气遇到冷空气时，就会因为空气对流形成风。"小希探出半个身子，左手紧紧握住照明灯观察环境，右手死死地拽着一根电磁防身棒。

"小希，你别害怕，说不定这里的外星人样子就是丑丑的笨笨的，这样一想，好像还有点可爱呀。"见小希这如临大敌的模样，思宇瞬间笑开了，他没想到学校里的高冷学霸还会有害怕的时候。

哼！小希瞪了一眼思宇，拿着照明灯走开了。

"哎，小希，你等等。"思宇加快步伐追上小希的脚步，在这完全陌生的环境里，思宇可不敢让一个女孩子独自前行。

匆忙离开的两人都没有发现，在这漆黑的星球上，除了两人手中的照明灯，在他们身后的一块大石块旁，一个红色亮光微微闪起，像一个小灯泡一般，悄悄地跟在他们的身后。

3

如何在这个完全陌生的星球内找到可用资源，成了小希和思宇首要思考的问题。在漫无目的地转了一个小时后，小希和思宇不约而同地停下了脚步。

"这样下去不行，我们很难找到资源。"小希观察了一下周围的地形，扶着膝盖喘着气说。

"没错，光靠双腿想要找到有用的能源效率太低了，不能只凭运气。"思宇打开小希的背包，将重物全部挪了过来。

"思宇，这里的重力比地球上小，我可以的。"小希站直了身子，想证明自己一点都不累。

"没事，东西多才走得稳。"思宇对小希安抚地笑了笑，轻松地向上一跳，没想到落地不稳，摔了一跤。

"怎么了？要不还是我来背吧。"小希关心地说。

"哪有这么严重。"正说着，思宇按在地上的手似乎发现了什么，他摸了摸地上的土壤，若有所思地抬起了头，"如果我没有猜错的话，这附近应该是有水源的。如果这个星球存在什么生物的话，一定会在水源处留下痕迹。

"就在这附近吗？"思宇的话提醒到了小希，她爬上一块大石头，希望可以居高临下地看到水源的方向。可惜神秘星球实在太暗了，依靠小小的照明灯根本无法找到水源。

"也许我们应该用激光测距仪试试！"思宇从背包里拿出仪器递给小希。

在小希的操作下，测距仪很快便通过激光反射将附近的地形按照50 米外、100 米外、200 米外等距离将数据反馈过来。

思宇一边看小希手中的数据，一边忍不住四处瞅着。不知道是不是他的错觉，他总觉得有人在注视着自己。并且，这种感觉越来越强烈。

"扑哧"一个轻微细小的声音从身后传来。思宇猛地一回头，却只感觉眼睛一花，什么都没看见。

"思宇！思宇！"

"啊！怎么了？"

"应该是我问你怎么了才对，分析数据怎么还东张西望呢，企鹅老师要是知道肯定会生气的！"小希将检测出来的数据交给思宇。

"你确认一下。"

　　"我就是觉得很奇怪，自从来到这个星球，我就有一种被监视的感觉，刚刚，我好像在后面看到什么东西。"思宇接过小希发来的数据，迅速根据数据模拟出附近范围内的地形图。

　　被思宇这么一说，小希感觉刚刚那股恐惧感又涌上了心头。她咽了咽口水，强压着恐惧，半眨着眼睛向四周环绕了一圈，突然发现身后出现一个小光点。小希大吃一惊，瞪大了双眼，鼓起勇气又瞅了瞅，却发现什么都没有，这才稍稍地松了口气。

　　"哈哈，骗你的，地形图出来了，水源应该在东边，我们快走吧。"

　　思宇见小希慌乱的样子，佯装嘲笑着将小希拉走了。但他脑海里还在思考另外一个问题：这个星球上是否真的存在生物呢？如果存在的话，是否友好呢？带着这样的疑问，思宇和小希向地图上的水源标识处走去。

　　绕过一处山坡，涓涓的水流声便大了起来。小希和思宇对视一眼，将手中的照明灯亮度调到了最低，努力降低自己的存在感。随着水声越来越大，一条蜿蜒的小河便出现在两人面前。小河并不大，也就一米多宽，但由于地势差较大，所以相隔数米也能听到潺潺的流水声。

　　"再测一测周围的环境吧。"思宇将手伸进清澈见底的小河中，享受地闭上了双眼。

"也许现在要用的不是环境检测器。你难道不觉得，这附近的生态和地球很相似吗？"小希看着河边一丛丛的绿意，若有所思。

思宇一听，立刻反应过来。他打开背包夹层，小心翼翼地拿出临行前 C 国首领交付给两人的一个盒子。盒子不大，但却泛着黝黑的光泽，是珍贵的稀有金属，在盒子的最中央，一个 C 国科学院的特殊标识证明这盒子里面的东西很不一般。

原来，这是地球科学家们为思宇和小希探测 Z 星环境准备的特殊仪器，为了方便他们更好地完成 Z 星神秘任务，不想却提前开始了使用。

小盒子一接触地面，就立刻启动起来。如果这时候你带着信号监测眼睛，便可以看到泛着金光般的信号如同水波纹般一圈一圈的扩散开来。可惜两人并没有看到这神奇的一幕，同样没有看到的是，随着金色信号的产生，一直跟在他们身后的小电灯泡忽闪忽闪起来，颜色也逐渐变得暗淡，最后啪的一下，完全熄灭了。

检测结果出来了！小希和思宇忙凑了过来。

第一项：温度检测

小希对比着刚刚分别放在了河水和不同的土壤中的几支温度计，确保和机器检测结果一致。土壤底层温差与表层温差差别不大，适宜！

第二项：水质

仪器报告显示河水上虽然漂浮着许多冰块，但水源纯净、微生物群落较少。

第三项：土壤

仪器检测了方圆 2 平方千米范围内的土壤，报告显示附近的土壤酸碱度适中，含有丰富的有机养分。

第四项：空气

根据检测结果，空气中的氧气含量较低，但基本与地球高原地区含氧量持平。

看着这份检查报告，小希和思宇有些激动，难道这里可以完成出发时首领托付给他们的任务？正当小希将手伸进口袋，准备拿出什么时，思宇猛地将小希拉到身后。

小希好不容易稳住身子，顺着思宇的目光往前一看，随即瞪大了眼睛。只见刚刚还漆黑一片的河对岸，此时仿佛被照亮了一般。一群神秘生物正站在河对面望着他俩。这些生物的身高还不到小希的腰，全身覆盖着一层软软的绒毛，乍一看上去就像是几个小团子一样。再配上大大的眼睛，一对小小的翅膀，加上头顶闪闪发光的信号灯，有

一丝别样的可爱。

　　原来！这个星球真的存在生物！思宇和小希对视一眼，不约而同地吃了一惊。

彩蛋多多

 1. 二极管

　　二极管是一种微电子器件，它的组成材料一般是硅、锗、硒等半导体材料。由于二极管的单向导电性，很多的电子产品里都有二极管的存在。当我们给二极管的两端施加一个正向电压时，二极管处于导通状态；但当我们把二极管的两端的电压反向时，二极管便不再导电了，这就是二极管的单向导电特性。因此，二极管的单向导电性可以让它在电路中充当一个开关的作用。二极管导通相当于接通开关，二极管截止相当于断开开关。

2. 水果电池

电池是用来发电的，水果电池的本质还是电池，只不过它的特殊之处在于用水果做了原材料。想要制作一个水果电池，我们需要准备的原材料有水果、两种活泼性的金属片（如铜和锌）以及若干导线。两种活泼性不同的金属在水果中会发生化学反应，从而产生电流。一般而言，水果的酸碱度越大，其产生的电流也会越大，因此在制作水果电池时，我们一般选择柠檬等酸性水果。

3. 陨石

传说，对着天空的流星许下心愿，这个愿望就能实现。流星虽然转瞬即逝，但其实我们的地球上存在很多流星经过的痕迹，那就是陨石。流星是陨石落地的前生。陨石的大小和形状五花八门，极小的陨石，我们可能难以发现，大的陨石的重量可达千吨以上。由于流星在坠落地表之前，它的速度是非常快的，因此大陨石在坠落地面时通常将地表砸出一个大坑——这就是陨石坑。目前，地球上绝大部分的陨石来自火星和木星之间的小行星带。

4. 微波

电磁波，在我们的生活里无处不在。根据它的波长范围从短到长，可以将电磁波依次分为 γ 射线、X 射线、紫外线、可见光、红外线、微波及无线电波。因此，微波就是指波长在 1 毫米到 1 米之间的电磁波。微波在加热物质时，具有较大的选择性。玻璃、塑料和瓷器这三类我们常用的容器基本不吸收微波的能量，而水和食物等却能够吸收微波的能量，从而使自身被加热。这也是微波炉进行食物加热的原理。

5. 激光

激光的物理定义是：原子受激辐射而产生的光束。普通光源中的光子向四面八方传播，而激光中的光子保持着高度一致的光学特性。一束激光中，光的频率也是固定的。以上代表了激光的三个显著特点：相干性高，单色性好，亮度高。值得注意的是，激光具有极高的能量，极容易损失我们的视网膜上的感光细胞，因此切忌将激光对着人眼照射。激光技术发展至今，它已经应用在我们生活的方方面面，例如激光切割、激光雷达、激光医疗等。

6. 对流

对流，是指当流体温度不均时，其冷热部分会发生相对流动。这是帮助流体实现热平衡的方式。对流雨就是一个典型的由于气体对流而产生的现象。地面较热的气流上升，在高空遇到冷气流冷却凝结成雨。通过对流，气体中较冷部分下降，较热部分上升，循环流动，二者相遇时交换能量，最终体系温度趋于均匀。我们把大气对流发生的区域叫作对流层，也是大气中天气多变的区域。

7. 激光测距仪

激光测距仪是激光技术的一种应用，它利用激光走过的路程来衡量目标物的距离大小。激光测距仪上有一个激光发射装置和激光接收装置。我们首先通过激光发射装置发出激光束，当激光束遇到目标物后，这束光会反射回来，而通过原来的路径反射回的光最终会被接收装置感应。测距仪中的计时器会记录发射装置和接收装置之间的时间差。通过时间和速度，我们可以求得激光走过的距离，从而求出目标物的距离。

第七章
Q 弹软糯星球

"嘿，外星朋……朋友，你们好。我是来自地球的……思宇，这是我的同伴，她叫小希。"思宇一边后退，一边摆着手向这群外星生物打着招呼。他努力地牵动嘴角，散发出善意，但却好像失败了，这些外星生物看向自己的眼光似乎并不是很友好。

"也许它们根本无法听懂我们在说什么。"小希盯着河对面的外星生物，冷静地说道。

"对哦，你看我一着急，连语言转换设备都没带上。"思宇连忙打开背包，试图翻找语言转换设备。但越是着急越是找不着，思宇一样接着一样往外掏，急得满头大汗。

"这个。"小希眼尖地在一堆乱七八糟的仪器中找到两个小小的语言转换器。看着思宇手忙脚乱的样子，小希眼底闪过一丝笑意。她怎么会告诉思宇，之所以她现在变得这么冷静，实在是因为这群外星生物在她眼里就像一个个毛茸茸的小团子，和她想象的张牙舞爪的外星人完全不同。

与被萌住的小希不一样，思宇可一直没有小看这群小生物们，他隐隐地感受到，这群生物们对他们并不友好。果然，当思宇带上信号转换设备，听懂这群外星生物在说什么后，脸色一下子就变了。小希也听明白了。

"这是怎么回事？"小希问思宇，"为什么他们说我们伤害了他们的朋友？"

"我也不知道呀。"思宇也是一头雾水。他怎么也想不明白，为什么这群外星生物认定他们就是坏人，还宣称要将他们带回聚集地严加拷问。

这可不得了，他俩人力单薄，为避免矛盾进一步激化，所谓三十六计，定是逃跑为上策了。这不，思宇正拉着小希往飞船方向狂奔呢。

"哎哟，思宇，你怎么停下来了？"小希揉了揉额头，由于思宇突然停了下来，她一下子撞上了思宇的背。

"小希，你继续往飞船方向跑！"

"那你呢？"

"我得去把设备拿回来。"思宇擦了擦额头上的汗，气喘吁吁地说道，手指还紧紧地抓着背包袋子。

"是科学院准备的仪器吗？我陪你一起。"

"不行！"思宇推了推小希："你快跑，飞船材料很坚固，你在里面很安全，我马上回来。"说完，思宇拿过小希手中的防身武器，握在手里。

"可……"

"快去！飞船上有驾驶模式。没有电量虽然无法在太空中飞行，但可以像一个汽车一样驾驶。如果我一直没回来，你就驾驶飞船来找我。"思宇又摆出最帅的姿势，"说不定不用你来接，我就用自己的魅力使这群外星生物折服了。"说完，思宇便不等小希反应过来，抢过小希手中的防身电磁棒，就往河边冲去。

小希咬咬牙，往飞船跑去。小希想，思宇手中的防身武器只是一个普通的武器罢了，面对那么多得外星人肯定不够，但飞船上有。如果……如果它们真是伤害思宇，哪怕是动用武器也要把思宇救出来。小希咬咬牙，眼中闪过一丝犹豫，最后还是变成了坚定。

快点！再跑快点！小希在心中不断地呐喊着。这一刻，小希忘记了的疲惫和飞船降落时的摔伤，甚至连极速奔跑时喘气的困难都被她忽略了。

"砰！"随着一声闷响，小希被什么绊倒了，整个人像个小沙包一样飞了出去。

"嘶"小希揉了揉膝盖，倒吸一口凉气。好一会儿，才缓缓地站了起来向身后看去，小希这在发现刚才绊倒自己的根本不是什么碎石头，而是一个外星生物。

"它怎么会在这里？"小希将倒在地上的小外星人扶了起来。这只外星生物和河边的相比，要娇小不少。浑身的绒毛呈现出一种暗黄的颜色，本应该像雪一般美丽，但由于外星生物全身都在冒冷汗，绒毛也成了一簇一簇的。而本应该像小灯泡一样的信号灯，现在也只能像萤火虫一样，偶尔发出微弱的光芒，怪不得小希完全没有注意到。

即使是不了解外星生物的生活习性，小希也知道它的处境并不好。要救它吗？小希摇了摇头，思宇还处在危险之中，她一秒都不敢耽搁。

"对不起，希望你能挺下来，我找到思宇立刻来救你。"小希将自己的外套脱下来盖在小外星人身上，转身离开了。

似乎是感受到外套上的温暖，外星生物脑袋上的信号灯也亮了一些，它的喉咙里发出了微弱的"吱吱"声，似乎在感谢，又似乎在求救。但随着时间流逝，外套上仅存的温度也很快消散了，外星生物的信号灯也越来越暗，亮起的时间也越来越短。

它一定不会出事的！小希一边跑一边忍不住想起那个小外星人的模样，那全身的绒毛因为汗水变得湿塌塌地贴在身上，看起来和在地球上重病发烧的自己一模一样。但在那个时候，自己身边有父母照料，有朋友关心，而这个小外星人，却只能孤零零的躺在地上。但真的要去救它吗？如果去救它，思宇怎么办！

"不管了！"小希回想起 C 国首领说过的守望相助，想起父母和老师对自己的教育，她无法做到见死不救，看着一条生命从自己眼前消失。

小希返回去将小外星人搂在怀里，她跑得更快了，连鞋子上、衣服上都是泥土也忽视了。她飞奔回飞船，打开紧急医疗急救箱将小外星人放了进去。

"滴，诊断完毕，由于尘土没办法扩散，形成了严重污染，此生物体身体无法进行过滤排出，所以造成呼吸困难。就诊建议，使用常备医药箱中有治疗吸入性肺炎的特效药 INP-9258。"

小希分析着病情："呼吸道吸入尘土？那就像人类把雾霾吸入了呼吸道一样。我们的呼吸系统是由呼吸道（鼻、咽、喉、气管、支气管）和肺组成的，人在新陈代谢过程中要不断消耗氧气，产生二氧化碳，这就需要呼吸系统不间断地工作。因此小外星人没有办法正常呼吸，怪不得会倒在地上。"

　　等等！小希猛地一震，她想起这一路上，神秘星球由于没有风力，地上根本没有什么尘土，唯一一次，便是飞船降落时震得漫天尘土。想到这，小希觉得很内疚，她摸了摸小外星人的头，轻轻地说："对不起，小可爱，吃完药快好起来吧。现在，我要去找我的同伴思宇了，相信我，你看到他，一定会被他的勇敢和聪明所吸引的。"

2

　　而另一边，独自一人跑回河边的思宇就如同一只小羊误入狼口一般，刚一回到河边便被团团围住。

　　"你们……你们不要过来，我们真的没有，没有伤害你们的同伴，相信我。我只是回来取一个东西，它对我们很重要！"思宇一边大喊，一边挥舞着防身武器，摆出攻击的姿势，试图把它们吓到，让它们离开。

可惜思宇的战术失效了，这群不到他膝盖高的外星人根本不怕他，它们有的借助同伴身体力量，有的在石头上发力，有的像叠罗汉一般，它们采取各种方式，蹦到思宇身上，抓思宇的头发，咬思宇的脚趾。

思宇疼得哇哇大叫，但还是不忍心伤害这些外星生物，便只好一边将小外星人拽下来，一边往河边跑去。

可当思宇费尽精力回到河边时，却发现珍贵的仪器和黑匣子早就没了踪影。

怎么会这样！思宇回过头来，怒瞪着这些外星人，心里气愤极了，手里的防身武器也高高地举了起来。这一刻，思宇脑海中浮现出诸多画面，他想起了C国首领临行前的嘱咐，想起九维博士为了这个机器熬了无数个夜，双眼通红的模样，他难过极了，也后悔极了。在这一瞬间，他突然觉得这些个头小小的外星人可恶极了，他突然真的想将这些讨厌的外星人教训一顿。

就在电磁棒即将砸到一个蓝色的外星人时，他突然停住了。

小蓝色外星人睁开了紧闭的双眼，却发现地球人双目通红，喘着粗气，好像很难过一般。但它并不知道该怎么处理，于是便只好钻到

被吓坏的父母身旁。

思宇握着武器的手一下子紧一下子松，手心里全是汗。他告诉自己，不能这样，在这个神秘星球，他刚刚发现了有可能拯救地球的机会，一定不能就这么放弃，并且，就像企鹅老师说的，用暴力是没有办法解决这些问题的。

"哐当！"思宇将防身武器丢在了地上。

似乎明白了思宇的意图，这些小外星人们也逐渐镇定了下来。一个浑身长满绒毛的外星生物走了出来。它浑身布满毛发，身形比绝大多数的外星生物都要高大，虽然身高也就和思宇的膝盖平齐。他似乎是首领。

如果此时小希在旁边，肯定会发现，她救助的外星人和这位外星首领长得极为相似。

"你是要找这个吗？"外星人拿出一个黑色的小盒子。

"就是这个！"思宇盯着盒子惊喜地说道，一直悬着的心也落回到肚子里。

"地球人，你刚才的行为让我相信你是一个善良的人。我愿意给你一个机会，但也希望你能坦诚。"首领站到思宇跟前，认真地说道。

思宇愣了半晌，随后微微一笑，认真地说："亲爱的朋友，我绝对没有故意伤害你的同伴。但请你相信我，无论有什么困难，你都可以告诉我，如果可以，我们也希望能帮助到你们。"

思宇的话让小外星人们迅速讨论了起来，半晌，首领抬了抬手，示意大家安静，然后又对思宇说："你跟我来。"

去哪里？思宇充满疑问地看了看这些外星人，却没有一个外星生物愿意回答他。还是刚刚的蓝色外星人生物比较机灵，它跳上思宇的肩头，小声地说："我们要去聚集地。"说完，便像火烧了屁股一般蹿回父母怀里，显然刚刚的阴影还没有消除。

怎么办？思宇想了想，还是决定前往。直觉告诉他，外星人聚集地一定有某些他需要的东西。

为小希做了个简单的信号提示，思宇就跟着外星人匆匆上路了。

七弯八拐，终于到达了外星人的聚集地。

思宇好奇地打量这一方小小的土地。只见这群外星人都生活在一个山坡上，这应该是当地较高的山坡了，因为眺望时可以看到十几千米内的风景。在这个聚集地上布满了小房子，就像是娇小版的蘑菇屋，可爱极了。令人奇怪的是，山坡的周围，被一大片类似于灰绿色树叶包围着。这些树叶不仅让原本可爱极了的房屋变得不伦不类，还散发出一股奇怪的味道。

"如你所见，这就是我们的家园。现在，请让我们为您介绍一下。"随着外星人首领的讲述，思宇逐渐明白了所有的一切。

原来，小希和思宇意外降落的这个星球名为 Q 弹软糯星，而这里也就只生活着一个大家族，也就是思宇眼前的 Q 弹软糯人。Q 弹软糯星虽然资源并不丰富，但它们自己只是身体结构简单的低等生物，不需要太多的能量，所以也就一直平安生活到现在。

但在最近几十年，却有不少 Q 弹软糯星人身体出了问题。原来，随着 Q 弹软糯人世代繁衍，不知从何时开始，它们有了呼吸系统和消化系统。这本是一个好事，但由于发展不够完善，不少 Q 弹软糯人的呼吸系统都是极为脆弱的，一点尘沙就能引发窒息，也就是为了防止这种悲剧发生，它们才在居住地围上了灰绿色的类似于树叶的东西。

但如果想要在 Q 弹软糯星继续生存发展，一直待在聚集地显然难以做到。看到自己的伙伴们一个个因此病倒，一个叫艾米的 Q 弹软糯人决心离开聚集地寻找解决的办法。但艾米的信号却在一天前失踪了，根据失踪前的最后一条传讯，它看到的正是地球人。

"首领，我可以向您保证，我并没有见到您口中的艾米。我知道您可能还不能完全信任我，但既然是因为吸入风沙才导致你们生病，那我想我有解决办法。"

"哦？"首领低声说了一句。

首领声音平淡、面色冷静，但却让人觉得一股凝重的氛围犹如墨一般将他包裹起来，不过这一招对于心直口快的思宇来说显然没什么用，他兴奋地说："我们可以建造一个大风扇，将它围在房屋周边。"

"风扇？"

"那是地球的一种机器，它可以吹出风来，将尘沙全部吹跑。"思宇挺了挺胸脯，显得有些骄傲。

虽然没有见到过这种机器，但思宇的描述还是让众人充满了憧憬。眼见大家为此事议论纷纷，首领站了出来："如果你真的能够帮我们解决这个困难，你就是我们永远的朋友。"

说干就干，思宇拿出平板，调出设计图，在Q弹软糯人的帮助下凑齐了全部材料。然后先把扇叶连接在一起，紧接着用电线把开关和组装好的简易风扇串联在一起。费了九牛二虎之力，风扇终于造好了。可当思宇宣布完工后，他才发现一个巨大的现实问题，没有能源，风扇根本动不起来。

3

这可怎么办？思宇避开 Q 弹软糯人满是期待小眼神，一时间没了主见。

"来自地球的朋友，这似乎和你说的并不一样呀。"首领围着那几个巨大的、带着铁扇片的机器走了几圈，疑惑地问道。

"是这样的，这个机器启动的话还需要一些能源。"

"是吗？"首领并没有多说什么，但面色却已经不太好看。

思宇可不想在现在失去大家的信任，他继续解释道："只要有光，就是能散发出热量的光芒，风扇就会充满电，动起来驱散尘埃。"

似乎怕大家不相信，思宇更加大声地说道："这是真的，地球上的很多机器都是需要太阳能发电的。"

就在思宇觉得自己说错了时，突然感觉自己的脑袋一重，一个毛团子骑在了自己头上，耀武扬威。

思宇诧异地地回过头，却发现身后真的站了一个熟悉的身影："小希！"思宇兴奋地挥了挥手。

"思宇，你没事太好了。"小希跑过来左瞧右瞧，见思宇没受伤，才松了一口气。

"那当然，不看看我是谁。"思宇自信地比了个手势，"不过，你是怎么过来的呢？"

小希笑了笑，将思宇头顶的毛团子抱了下来："说来话长，不过我需要先向你介绍一下我的新伙伴，就是它，它是Q弹软糯人，名为艾米。"

"艾米！"

首领都瞪大了眼睛，它们怎么也想不通矛盾的源头——受伤的艾米怎么会完好无损地出现在这里，还和小希交上了朋友。

看着大家疑惑的眼神，小希笑了笑，将事情的原委一一道来。

原来，在思宇离开不久，小希就驾驶着飞船来到河边，可此时河边除了思宇留下的一个离开的标志，什么都没有。眼前的一幕让小希大受打击，正当她六神无主时，救生舱中的艾米却悠悠转醒。经过一番交流，小希才知道这一切都是误会，于是匆匆赶来Q弹软糯人的居住地。

原来这一切都是一个大乌龙！

Q弹软糯人对视一眼，最后在首领的带领下，一起站了出来，真诚地向思宇和小希道歉。

"没关系，我们以后就是好朋友了。"面对一大群小团子的道歉，一向厚脸皮的思宇反倒显得有点不好意思起来，他满脸通红、连连摆手。

"朋友们，我们也需要你的帮助呢，"小希露出一丝神秘的微笑："也许在解决风扇问题的同时，M 机器人的充电问题也会被解决。"

"这是怎么回事？"思宇瞪大了双眼，迫不及待地问道，心里仿佛有小猫在挠。

"这也是艾米告诉我的，"小希将艾米搂在怀里，开心地说："Q 弹软糯星并非永远黑暗，每当中午到来，这个山坡就会被阳光笼罩，而这个时间会长达两个小时。"

这还等什么！思宇看了看时间，离阳光照射不到一个小时了，思宇连忙将所有风扇的动能系统换成太阳能，并把飞船都开到山顶。

中午到来了，一缕缕阳光划破黑暗照耀在大地上，也照耀在飞船和风扇上。不一会儿，风扇便慢慢转动了起来，尘沙很快被吹向远方。微凉的风吹拂在所有的 Q 弹软糯星人的脸上，带来清新而又干净的空气。大家努力地呼吸着这难得的，不带有诡异气味的空气，一时间竟无人说话。

见到这一幕，小希和思宇感触颇深。空气、阳光都是在地球上取之不尽的资源，没有人担心它们是否会消失，是否会被破坏，也从不觉着需要珍惜。但只有当你失去它们时，才会知道这些东西是多么的珍贵。对Q弹软糯星如此，对地球更是如此。

两个小时后，M机器人的电量指示灯逐渐由红灯变成绿色，随着M机器人的启动，思宇和小希与M机器人一起修好了飞船，丝丝流光在飞船表面窜动。

离别在即，思宇和小希都有了几分惆怅。但天下没有不散的宴席，和大家拥抱过后，小希和思宇还是启动了飞船，踏上了去Z星的路。

飞船缓缓上升，Q弹软糯星人们的房子逐渐变成了蚂蚁般大小。就在这时，小希感觉裤脚被轻轻扯动，她低头一看，却是艾米。

"它怎么上来的，快送回去。"思宇惊讶地说道。

"现在把它送下去太危险了，我们带着它一起去Z星球吧。等返航的时候，再把它送回来。我们的北斗超导航系统已经记录下Q弹软糯星的位置。"小希顺手抱起艾米，温柔地说道，"小艾米，和我们一起去Z星旅游吧。"

"吱——"艾米点点头，兴奋地扇起了翅膀。

思宇感慨道："还好有大风扇在，它们就不用再担心被感染了，

不过，如果 Q 弹软糯星可以种植绿植就好了，树木可以固定土地，净化空气，还可以……"

"对了！我们的实验还没做！"思宇似乎想起什么，大叫道。

"在你充电的时候，我已经检测过了，但还是不行。"说起这个话题，小希的语气有一丝失望。

"怎么会这样？"思宇看着飞船下方的 Q 弹软糯星，一下子觉得心里空落落的。

"不要多想。"小希走过来轻声安慰道，"虽然我们的实验没有成功，但我为 Q 弹软糯星留下了一批种子，也许有一天，这里也会被一片绿色环绕。"

"嗯！地球也是！我们一定会找到原始土壤，完成大家托付给我们的任务！"思宇看着无边的宇宙，心中默念："Z 星，我们来了！"

彩蛋多多

1. 新陈代谢

新陈代谢是生物体共有的生命活动，它一般指生物内部进行的所有化学变化。生物通过新陈代谢实现自身与外界环境的交换以及生物体内部的能量和物质转变。具体来说，新陈代谢包括物质代谢和能量代谢。物质代谢是一个不断用新物质代替旧物质的过程。各种生物的新陈代谢在生长、发育和衰老阶段是不同的。幼儿、青少年等长身体的阶段，新陈代谢十分旺盛；到了老年，人体机能日趋退化，新陈代谢就逐渐缓慢。

2. 黑匣子

黑匣子的学名是航空飞行记录仪，它可以记录飞机停止工作前 25 小时的飞行数据和 2 小时的录音数据，是飞行事故发生时人们还原事故过程和找到事故原因的重要工具。黑匣子一般是由高性能的金属材料制作，并在外壳制有较厚的钢板与多层保护材料，因此即使飞机坠毁，黑匣子的数据仍能保存完好。在早期，飞行记录仪一般是黑色方盒，因此它有了黑匣子的称呼。现在，为了方便人们在事故现场更快地找到黑匣子，它的外表被涂成了橘红色。

第八章
太空之战

"聪明勇敢的孩子们，祝贺你们！"总控中心的首席科学家与专家团队满脸笑意地出现在大屏幕上。"经过漫长而艰辛的太空飞行，你们终于接近 Z 星球。漫漫太空之路上，你们沉着冷静，齐心协力地解决了一个又一个难题。在最危急的时刻，你们做出了最为勇敢、正确的选择，我们永远为你们骄傲！"思宇和小希不禁相视而笑，朋友之间的无言默契从他们的眼神中自然流露。

首席科学家稍稍顿了顿，当他的声音再次响起时似乎多了一分严肃："孩子们，经历过重重的困难，胜利即将出现在你们的前方！"

听见这话，思宇和小希同时瞪大了双眼。虽然早就知道快要到 Z 星了，但听到这些话，两人还是难以按捺住心中的激动。思宇摸着胸口，只觉得自己的心脏像一个大鼓，咚咚咚直响。而小希呢，她的眼睛也亮晶晶的，犹如盛满了星光。

"北斗超导航系统显示，现在飞船已非常接近 Z 星球所在的位置，但此星球的关键信息仍是未知的。为保障你们的安全，我们已派出秘密先遣部队为你们进行宇宙护航，并将先行进行着陆测试。请你们做好相应准备，等待连线，马上就要开始最后的着陆了！"

"收到！"思宇和小希挺胸抬头，敬了个礼，大声说道。

关掉通信设备，思宇偷偷向小希吐了吐舌头："地球上，除了咱俩，其他人从来没见过外星人！等回到地球，我要把去 Z 星球的故事讲给伙伴们听，他们肯定羡慕极了。"

小希听完，难得的没有否认思宇的话，这次旅行不仅对于他们，对于整个地球都有着巨大的意义。在飞船发射时的 2117 年，地球上的人口总人口为 100 亿人，人类平均寿命 200 岁。这是人类在科学技术的帮助下，在世世代代与病魔和死亡的斗争中，最终达到的最优化的人口数量。可是，无论科学技术如何跨越式发展，当下地球仍然是唯一适合人类生存的家园。而能源的枯竭、环境的破坏，使这颗星球已快撑不住了。地球在太阳系中就如大山中的一块石头，显得那么孤独和渺小，而太阳系也不过是宇宙无数星系里的一颗毫不起眼的

"小沙粒"。

这艘承载着人类梦想的宇宙飞船，现在已经飞出了太阳系，通过"虫洞"，来到半人马座的深处。半人马座的比邻星是距离太阳最近的恒星，距离地球约 4.2 光年。Z 星球就是半人马座中的一颗神秘行星。它诞生于 100 亿年以前，形状比地球稍大一些。Z 星球表面散发出耀眼的金色光芒，整个星球看起来像是被一团熊熊燃烧的大火所包围，又像是要把周围的一切都吞没进去。这耀眼的光芒是 Z 星球在宇宙世界中自我保护的巨型屏障，使 Z 星球在外星球人眼中看起来几乎无法接近，外星世界的任何信号都无法穿透这层屏障，更难以知晓这层金色屏障的背后到底隐藏着一个怎样的世界。

在 Z 星球及附近行星的周围，弥漫着庞大的烟圈状的星云。星云的存在使覆盖在 Z 星球表面的金色并不刺眼，如果从足够远的地方望去，Z 星球就像是在漆黑的宇宙里点亮的一盏油灯。因为星际间距离的遥远，在地球上人们用最先进的望远镜也无法直接发现 Z 星球的存在。

2

窗外一道白光掠过。

小希和思宇对视一眼，跑向飞船窗口，却只看到一阵阵犹如烟花绽放般的炮火。

"报告！先行飞船遇到了很大的麻烦。Z 星周围似乎有一个无形的屏障，飞船稍一靠近，舱内设备就会警报大作。最危险的一次，几台发动机同时失控，飞船左摇右晃，控制中心费了九牛二虎之力，才勉强恢复。"地球上控制中心，响起了急促的声音。

Z 星似乎将我们当作了敌人！控制中心的专家们对视一眼，决定先与 Z 星取得联络。

不久，控制中心收到报告："M02 报告！窄脉冲激光、中脉冲激光、红宝石激光、猎豹 7 号激光均已发出联络信号，未收到 Z 星球信息回应，报告完毕！"

正当控制中心的专家准备再想办法联络的时候，飞船上的信号设备突然受收巨大的干扰来自 Z 星周围的干扰，飞船无法自动驾驶，发动机再次进入失控状态，形势十分危急。控制中心立即决定，采用人工驾驶，保持飞船的安全。

飞船的安全面临着严重的威胁，如此下去，就算返航也变得困难重重。

无可奈何，专家组决定一边利用飞船携带的先进武器，在屏障上打开一个缺口。这样面临着被Z星球人误解的危险，但这是摆脱危险的唯一办法。

一束束形状各异、色彩纷呈的激光像箭一般朝着Z星球射去，刹那间，绿、蓝、红、紫、橙等颜色的夺目光晕一下子照亮了周围深渊一般的漆黑宇宙，美丽却又危险。

一发激光束似乎率先击中了Z星球的边缘，很快，更多的激光束射中了Z星的屏障。随着时间推移，Z星的金色屏障似乎逐渐被破坏，整个屏障都隐隐显现出水波状的纹路，颜色也由金色变为一种骇人的橘红色，干扰飞船的信号消失了。眼看攻击取得了效果，众人松了口气。

突然，专家们发现屏障中飞起火龙一样的云雾，直奔向小希和思宇的飞船！距离越来越近！

怎么办？监控室的氛围一下子变得紧张起来，每一位"久经沙场"的科学家做出了一致的选择。首席科学家下达命令："为了两个孩子

的安全，对目标进行超强毁灭性打击！"

"是！"

一架架搭载着超强导弹系统的宇宙飞船掠过 Z 星球的上空，无数台直线弹射器搭载的超强导弹以毁灭性的速度攻击屏障！打击似乎奏效了，奔向小希和思宇飞船的云雾收缩到了屏障之中。屏障受到攻击后，晃动得越来越厉害，犹如一波逐渐沸腾的开水，下一秒就要炸裂一般。

就在屏障的颜色越来越红，越来越红，红到发黑之时，屏障猛地一收缩，刚刚的波动突然全部消失了。可还没等大家欢呼，屏障又再次出现，虽然大小缩小了一圈，但颜色却由红色转换为带着缕缕黑色的灰色武器，看似平静，却透露出丝丝诡异，危险的气息扑面而来。飞船再次到了失控的边缘。

一阵窸窸窣窣的讨论声在控制中心响起，在场的多数人面对主屏幕中的情形，已经按捺不住心中的焦急，这道奇怪的屏障显然已经将这次旅行赋予了不一样的意义。

本来是为了星际交友，却莫名其妙地变成了星际作战。战争，有时候不是因为仇恨，而是因为没有建立起信任。

亮绝招的时候到了。

首席科学家绷直了身体，坚定的声音一字一句地响起："出动AMAZING号特装飞船。"

不得不提地是，传说中的AMAZING号特装飞船是目前最为先进的战斗机型，它的表面覆盖着神奇的涂层，能使飞船具备突破巨型屏障的能力。同时，这艘飞船的武器装备令人惊叹：无坚不摧的中微子攻城炮，威力惊人的双管大口径光子炮，射击角度灵活的中子炮，各种核武器和大量的空对空电磁炮等。这使得AMAZING号特装飞船成了名副其实的"移动城堡"，在过去的50年中从未遭逢敌手。

这个巨大的"移动城堡"逐渐逼近Z星球，上面装备的各种武器也纷纷展现各自的威力。平静的宇宙就这样被打破了，随着战火的蔓延，周围那些没有名字的小行星受到影响而剧烈地震荡起来，各色光芒在漆黑的宇宙中闪烁着，不由得让人想象到两百年前地球夜晚烟花绽放的情景，但却完全没有过去欢乐快活的气氛，有的，只是战争的硝烟与凝重。

AMAZING号特装飞船的出战让所有人提了一口气，它可以打破Z星屏障吗？这个问题在所有人心中蔓延开来，一方面，大家坚信，战无不胜的AMAZING号特装飞船一定可以像打碎泡沫一样将屏障击碎，但另一方面，所有人心中都或多或少的涌起一丝恐慌，万一，万一 AMAZING 号特装飞船都解决不了呢？

这种复杂的情绪在每个人的体内流窜着，这一刻，无论是何种立场，无论是哪个国家，无论是否完全了解，大家都屏住呼吸，眼神紧紧地盯着大屏幕。

令所有人震惊的一幕出现了：AMAZING 号特装飞船的猛烈攻击在超级雷达的指引下，全部击中了 Z 星的神秘屏障。但奇怪的是，这道神秘的屏障没有再进行任何反击，所有的攻击的能量在攻击完屏障后，仿佛被吃掉了一般。随着炮火的不断发射，屏障中的黑丝越来越多，最后，整个屏障都呈现了一种接近于墨色的浓郁颜色，透露出丝丝不祥。

眼看 AMAZING 号特装飞船离屏障越来越近，一阵刺耳的警报声却响了起来。

"不可能，这不可能！"紧紧盯着回传屏幕的首席科学家猛地站起身，不受控制地剧烈颤抖。总控中心的人们纷纷发出一片嘘之声，不敢相信眼前所发生的一切：只见一向战无不胜的 AMAZING 号特装飞船在靠近屏障后，便突然消失在屏幕之中，紧接着闪起一个大大的火球。这些屏障犹如一道黑色的巨口，飞快地沿着船只蔓延开来，要不是飞船撤退得快，很可能就全军覆没了。

　　总控室中发生的一切，各国首脑都看得清清楚楚。此时，他们甚至比总控室里的专家更加焦躁。为了这次 Z 国旅行，他们将最尖端的人才输送到 C 国，只为在飞船回到地球时获得更为丰厚的回报。可是，现在发生如此意外，他们应该如何对待？这个问题成了许多国家首脑思考的主要问题，因为他知道，这一刻的任何决定都可能会对本国的政治、经济命运造成无法预计的影响。

　　撤退还是继续？在众人议论纷纷时，C 国首脑沉默了几秒钟，开口说："孩子的安全是最重要的。我要求他们立即返航。"

　　C 国首领的话让数国首领安静数秒，其中 W 国几次想要张口说什么，但最终一言不发。"孩子是祖国的花朵"这句两百年前就出现的俗语在今天更为实用，没有什么值得孩子去冒险。

　　科学院的专家们连忙联系到飞船："首席科学家及各位专家，请立即向孩子们传达来自联合国的最高指示。先行飞船探测发现，Z 星球外部笼罩着一层不明屏障物，我们的提前着陆行动已经宣告失败，先行飞船遭遇到前所未有的打击和损坏，并已造成我方的人员伤亡。现在看来，我们无法确定来自 Z 星球的信息到底是善意的邀请还是凶险的圈套。如果继续贸然行动，你们可能会遇到无法预测的危险。为了确保你们的安全，请在听到本指示时，立即调转航向，全速返回地球！"

3

科学家们的话犹如一道重锤，狠狠地敲打着小希和思宇的内心；又如一盆冷水，将两人期待、激动的心情全部带跑了。就这样就要离开吗，小希和思宇望着不远处的星球，眼里露出一丝迷茫。

"企鹅老师总说，我们必须亲自去探索、验证，才能得出结论。我多想亲自去看看Z星呀。"思宇失落地说。

"对呀，发射前我担心起飞会失败，但是我们成功进入了太空。第一次面对大陨石的时候，我以为我们就要完蛋了，可结果我们勇敢地冲出重围。紧急迫降后，我觉得我们永远只能待在Q弹软糯星了，但是在艾米家族的帮助下再次启航。我们一起度过了那么多难关，却真的要在最后一刻放弃吗？"说着，小希失落地闭上了眼，

"吱——"一进太空就昏昏欲睡的艾米终于清醒了过来，它似乎感受到了什么，一下子跳到小希身上，似乎想安慰小希。

"谢谢你，艾米，可是对不起了，前方实在太危险了，我可能不能带你去Z星了，但你放心，我一定会将你平安送回家的。对了，

我的家乡是地球，一个非常美丽的星球，随时欢迎您过来玩。"小希以为艾米想安慰自己，感动地说道。

可谁想，艾米听了小希的话却好像急躁起来，它跳了下来，跑下去拿起信号转换器努力地塞给小希。

"这是？"小希疑惑地接过转换器，戴了上去，"你有什么想对我说的吗，艾米？"

"吱——吱吱吱——"

"什么？"

似乎意识到自己声音太大了，小希看向思宇，低声解释道："艾米说让我们乘坐飞船直接穿过屏障，它有预感我们会平安无事降落在Z星。"

"真的吗？"思宇先是一喜，随后又丧气起来："可那么厉害的AMAZING号特装飞船都失败了，我们俩的飞船这样可以吗？"将自己的安危托付给这个新伙伴，真的靠谱吗？思宇想想还在地球等着他回去的父母、朋友，陷入两难。

"滴"M机器人一声播报，一道意外通信的接入，打破了船舱内的寂静。

通信中熟悉的声音让小希和思宇一震，他们欢喜地大叫道："九维博士！"

"九维博士，我们现在应该怎么办？"

"九维博士，屏障是怎么回事，有办法破解吗？"

两人叽叽喳喳，巴不得将所有遇到的难题都交给九维博士。

"孩子们，有想法，想尝试就去吧！你们所有的答案，都需要问问你们的内心。而我，会一直为你们提供最坚强的后盾。"九维博士骄傲地扬起下巴，但随后又低下声音，眼神里满满都是认真，"孩子们，有一件事你们要答应我，如果发现飞船受损，第一时间启动紧急返航系统。我在里面配备的防护装置和能量足以让你们平安回到地球！"

"收到！"小希和思宇对视一眼，默契地击掌起来。

加速！全力前往 Z 星。

近了，近了，离黑色的屏障越来越近了，小希和思宇瞪大眼睛，双手放在立即返程键和加速键中间，微微颤抖。

此时的外太空，早已没有最初的美丽，随着距离的靠近，飞船周围出现了许多飞船的残骸，其中一块金属板上，还刻着巨大的 AMAZING 号特装飞船的标识。这些场景，无疑使小希和思宇压力更大了，紧张的两人谁也没有发现，随着飞船离屏幕越来越近，艾米触角似乎感应到了什么，与灰黑色的屏障形成共振，信号灯微微亮起。

惊人的一幕出现了，小希和思宇行驶的飞船竟然毫无障碍地穿过了神秘的屏障！

　　怎么会这样！真是太好了！所有关注事件动态的首领和科学家们都惊呆了。研究院办公室内，九维博士看到这一幕，也松了一口气，椅子上深深的指印证明着刚才的不平静。"这么多年过去了，你永远有着我没有的勇敢和冲劲，这次你赢了。"革新博士微笑着说。

　　"不，勇敢的不是我，是这群孩子们。还有，我从来没有输过。"

　　九维博士看着革新博士，两人对视数秒，一起笑了起来。

　　飞船上，小希和思宇拉着艾米欢呼在一起，高声叫道："Z星，我来了！"

彩蛋多多

1. 星云

星云和星系是两个容易被人们混淆的概念。星系是由独立恒星、大量星团以及星云组成的。星云只是星系的组成之一,其主要组成部分为星际气体和星际尘埃,大多呈现为不规则的云雾状。星云和恒星有着密不可分的关系,它们之间可以互相转化。恒星周围的星际气体是星云的组成成分之一,而星云里的气体在引力的作用下可以慢慢聚集,当聚集的质量和密度足够大时,这些物质会开始塌缩形成一些凝聚体,这些凝聚体就是恒星的早期形态。除恒星外,星云还可以形成行星等天体。

2. 脉冲(原词:窄脉冲、中脉冲)

脉冲是一个电子技术中的专业名词,它是指电信号的变化像脉搏似的瞬时起伏。脉冲电信号存在一个短时间的突变,但又会迅速变回到原来的初始值。在描述脉冲的特性时,我们使用的主要参数是波形、幅度、宽度和周期。可以想象在一条平静的河流里,突然落下一块石头。这个石头在水面上激起的水柱就相当于一个脉冲信号。如果石头隔一段固定的时间落下,这个相隔的固定时间就是周期;不同大小的石头会激起不同水柱,就代表着幅度;而各个水柱维持的时间也有所不同,根据维持时间的长短可以将脉冲分为窄、中、宽脉冲等。

3. 脉冲

脉冲是一个电子技术中的专业名词,它是指电信号的变化像脉搏似的瞬时起伏。脉冲电信号存在一个短时间的突变，但又会迅速变回到原来的初始值。在描述脉冲的特性时，我们使用的主要参数是波形、幅度、宽度和周期。可以想象在一条平静的河流里，突然落下一块石头。这个石头在水面上激起的水柱就相当于一个脉冲信号。如果石头隔一段固定的时间落下，这个相隔的固定时间就是周期；不同大小的石头会激起不同水柱，就代表着幅度；而各个水柱维持的时间也有所不同，根据维持时间的长短可以将脉冲分为窄、中、宽脉冲等。

 4. 共振

　　19世纪初，拿破仑的一支军队迈着整齐的步伐，准备走过一座大桥。当军队快走到桥中间时，桥梁突然发生强烈的颤动并且最终坍塌，导致许多人落入水中。这次事故正是由于共振！大量士兵齐步走时产生的频率恰好与大桥的固有频率一致，因此桥的振动加强，进而断裂。简单说，共振就是相同频率的物体相互靠近时，形成的振动强度会远远大于其各自的振动幅度。我们的生活中有许多共振现象，例如通过琴弦与共振腔之间的共振，乐器会发出美妙的乐音。